에이+급수학

초등 1-2

**" 노력을 주고 성적을 받는
가장 정직한 공부가 수학입니다 "**

까짓것 한번 해보자.
이 마음만 먹으세요.
그다음은 에이급수학이 도울 수 있어요.

실력을 엘리베이터에 태우는 일,
실력에 날개를 달아주는 일,
에이급수학이 가장 잘하는 일입니다.

시작이 **에이급**이면 결과도 **A급**입니다.

구성과 특징
S/t/r/u/c/t/u/r/e

개념학습

· 개념 + 더블체크

단원에서 배우는 중요개념을
핵심만을 콕콕 짚어서 정리하였습니다.
개념을 제대로 이해했는지 더블체크로
다시 한번 빠르게 확인합니다.

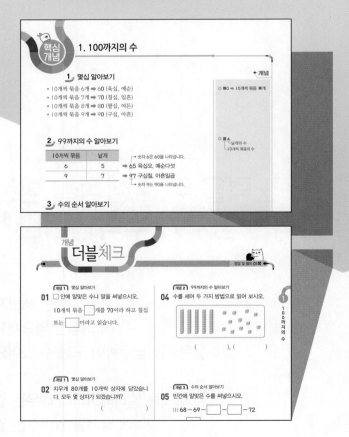

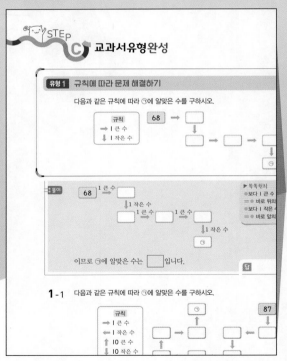

1단계

STEP C 교과서유형완성

각 단원에 꼭 맞는 유형 집중 훈련으로
문제 해결의 힘을 기릅니다.
교과서에서 배우는 모든 내용을
완전히 이해하도록 하였습니다.

상위권 돌파의 책은 따로 있습니다!!
수학이 특기! 에이급 수학!

 단계

 단계

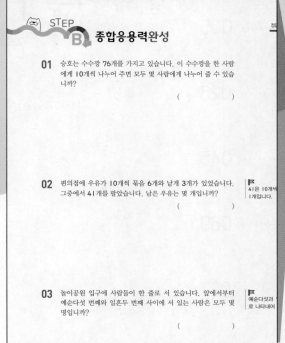

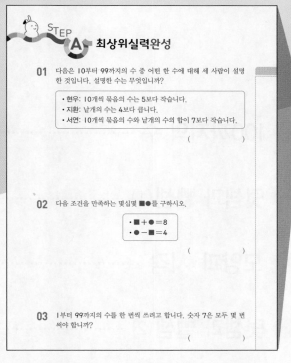

STEP B 종합응용력완성

난도 높은 문제와 서술형 문제를 통해
실전 감각을 익히도록 하였습니다.
한 단계 더 나아간 심화 · 응용 문제로
종합적인 사고력을 기를 수 있습니다.

STEP A 최상위실력완성

언제든지 응용과 확장이 가능한
최고 수준의 문제로 탄탄한 상위 1%의
실력을 완성합니다.
교내외 경시나 영재교육원도
자신 있게 대비하세요.

차례
C/o/n/t/e/n/t/s

에이급 **수학**
초등 **1-2**

100까지의 수

1

이 단원에서
완성할 내용

1. 100까지의 수

1 몇십 알아보기

- 10개씩 묶음 6개 ➡ 60 (육십, 예순)
- 10개씩 묶음 7개 ➡ 70 (칠십, 일흔)
- 10개씩 묶음 8개 ➡ 80 (팔십, 여든)
- 10개씩 묶음 9개 ➡ 90 (구십, 아흔)

+ 개념

➕ ■0 ➡ 10개씩 묶음 ■개

➕ ■▲
　┌ 낱개의 수
　└ 10개씩 묶음의 수

2 99까지의 수 알아보기

10개씩 묶음	낱개
6	5
9	7

┌─➤ 숫자 6은 60을 나타냅니다.

➡ 65 육십오, 예순다섯

➡ 97 구십칠, 아흔일곱

└─➤ 숫자 9는 90을 나타냅니다.

3 수의 순서 알아보기

(1) 1 큰 수와 1 작은 수

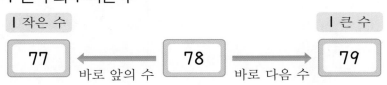

1 작은 수 　　　　　　　　　　1 큰 수

[77] ⬅ [78] ➡ [79]

바로 앞의 수 　　　바로 다음 수

➡ 78보다 1 작은 수는 77이고, 1 큰 수는 79입니다.

➕ ■보다 1 큰 수 ▲
　＝▲보다 1 작은 수 ■

➕ ●와 ◆ 사이에 있는 수에
　는 ●와 ◆는 포함되지 않
　습니다.

(2) 수의 순서　　➤ 오른쪽으로 한 칸 갈 때마다 1씩 커집니다.

51	52	53	54	55	56	57	58	59	60
61	62	63	64	65	66	67	68	69	70
71	72	73	74	75	76	77	78	79	80
81	82	83	84	85	86	87	88	89	90
91	92	93	94	95	96	97	98	99	100

↓ 아래쪽으로
　한 칸 갈 때마다
　10씩 커집니다.

(3) 100 알아보기

99보다 1 큰 수를 100이라고 합니다. 100은 백이라고 읽습니다.

개념 더블체크

개념 1 몇십 알아보기

01 □ 안에 알맞은 수나 말을 써넣으시오.

10개씩 묶음 □개를 70이라 하고 칠십 또는 □이라고 읽습니다.

개념 1 몇십 알아보기

02 지우개 80개를 10개씩 상자에 담았습니다. 모두 몇 상자가 되겠습니까?

( )

개념 2 99까지의 수 알아보기

03 □ 안에 알맞은 수나 말을 써넣으시오.

⑴ 73은 10개씩 묶음 □개와 낱개 3개입니다.

⑵ 59는 10개씩 묶음 5개와 낱개 □개입니다.

개념 2 99까지의 수 알아보기

04 수를 세어 두 가지 방법으로 읽어 보시오.

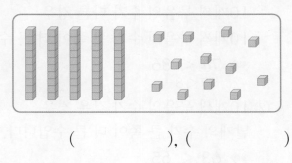

( ), ( )

개념 3 수의 순서 알아보기

05 빈칸에 알맞은 수를 써넣으시오.

⑴ 68 — 69 — □ — □ — 72
— □

⑵ □ — □ — 83 — 84 — □
— □

개념 3 수의 순서 알아보기

06 □ 안에 알맞은 수를 구하시오.

□보다 1 작은 수는 61입니다.

( )

4. 수의 크기 비교

+ **개념**

(1) 두 수의 크기 비교

① 10개씩 묶음의 수가 다른 경우

10개씩 묶음의 수가 큰 쪽이 더 큰 수입니다.

➡ 74 $<$ 86
└─7<8─┘

② 10개씩 묶음의 수가 같은 경우

낱개의 수가 큰 쪽이 더 큰 수입니다.

➡ 63 $<$ 65
└─3<5─┘

(2) 세 수의 크기 비교

두 수씩 묶어서 비교하거나 세 수를 동시에 비교합니다.

예 72, 76, 79의 크기 비교

· 72와 76 중에서 76이 크고

76과 79 중에서 79가 크므로

가장 큰 수는 79이고 가장 작은 수는 72입니다.

· 10개씩 묶음의 수가 같으므로 낱개의 수를 비교하면

9$>$6$>$2이므로

가장 큰 수는 79이고 가장 작은 수는 72입니다.

⊕ ■는 ●보다 작습니다.

➡ ■$<$●

●는 ▲보다 큽니다.

➡ ●$>$▲

⊙ 수직선에서 수의 크기 비교

오른쪽으로 갈수록 큰 수입니다.

┼──┼──┼──┼──┼──┼──┼──┼
65 66 67 68 69 70 71 72

왼쪽으로 갈수록 작은 수입니다.

5. 짝수와 홀수 알아보기

(1) 짝수

2, 4, 6, 8, 10, 12와 같이 둘씩 짝을 지을 때 남는 것이 없는 수를 짝수라고 합니다.

(2) 홀수

1, 3, 5, 7, 9, 11과 같이 둘씩 짝을 지을 때 남는 것이 있는 수를 홀수라고 합니다.

참고 홀수는 둘씩 짝을 지으면 하나가 남습니다.

⊙ 낱개의 수로 짝수와 홀수를 구별할 수 있습니다.

· 짝수: 낱개의 수가 0, 2, 4, 6, 8인 수

예 20, 24, 38

· 홀수: 낱개의 수가 1, 3, 5, 7, 9인 수

예 13, 19, 27

개념 4 수의 크기 비교

07 주어진 수보다 작은 수에 ○표 하시오.

| 76 |

(68 , 81 , 79)

개념 4 수의 크기 비교

08 두 수의 크기 비교가 <u>잘못된</u> 것을 찾아 기호를 쓰시오.

| ㉠ 53 < 61 | ㉡ 87 < 73 |
| ㉢ 72 < 75 | ㉣ 62 < 83 |

( )

개념 4 수의 크기 비교

09 가장 큰 수에 ○표, 가장 작은 수에 △표 하시오.

| 83   86   79 |

개념 4 수의 크기 비교

10 색종이를 하윤이는 61장, 주아는 56장, 정우는 65장 가지고 있습니다. 색종이를 가장 많이 가지고 있는 사람은 누구입니까?

( )

개념 5 짝수와 홀수 알아보기

11 홀수를 따라가며 선을 그을 때, 맨 마지막에 있는 수를 구하시오.

출발	5	24	25
14	13	29	16
28	6	27	9
17	24	18	11

( )

개념 5 짝수와 홀수 알아보기

12 도윤이는 28개, 세진이는 31개, 영아는 16개, 수민이는 23개의 사탕을 가지고 있습니다. 가지고 있는 사탕의 수가 짝수인 사람을 모두 찾아 쓰시오.

( )

교과서유형완성

유형 1 규칙에 따라 문제 해결하기

다음과 같은 규칙에 따라 ㉠에 알맞은 수를 구하시오.

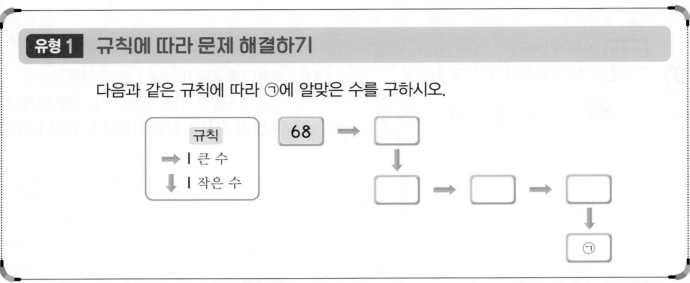

규칙

→ | 큰 수
↓ | 작은 수

풀이

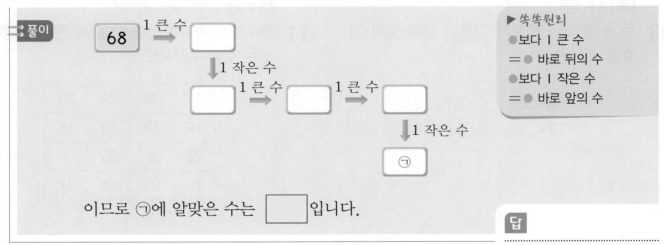

▶쏙쏙원리
● 보다 | 큰 수
= ● 바로 뒤의 수
● 보다 | 작은 수
= ● 바로 앞의 수

이므로 ㉠에 알맞은 수는 ☐ 입니다.

답

1-1 다음과 같은 규칙에 따라 ㉠에 알맞은 수를 구하시오.

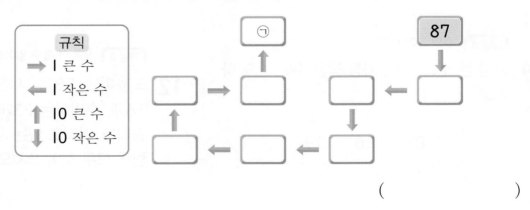

규칙

→ | 큰 수
← | 작은 수
↑ |0 큰 수
↓ |0 작은 수

( )

유형 2 남은 개수 구하기

은우는 구슬을 10개씩 묶음 8개와 낱개 4개를 가지고 있었습니다. 이 중에서 10개씩 묶음 3개를 친구에게 주었습니다. 은우에게 남은 구슬은 몇 개입니까?

풀이 은우가 10개씩 묶음 3개를 친구에게 주었으므로

남은 구슬은 10개씩 묶음 ☐ − 3 = ☐ (개)와 낱개

☐ 개입니다.

따라서 남은 구슬은 10개씩 묶음 ☐ 개와 낱개 4개이므

로 ☐ 개입니다.

▶ 쏙쏙원리
10개씩 묶음 ●개와 낱개
▲개는 ●▲개입니다.

답

2-1 지후는 색종이를 10장씩 묶음 7개와 낱장 5장을 가지고 있었습니다. 이 중에서 10장씩 묶음 3개를 미술 시간에 사용하였습니다. 남은 색종이는 몇 장입니까?

(   )

2-2 채소 가게에 오이가 10개씩 묶음 5개와 낱개 9개가 있었습니다. 이 중에서 10개씩 묶음 2개와 낱개 7개를 팔았습니다. 남은 오이는 몇 개입니까?

(   )

2-3 달걀이 87개 있었습니다. 이 중에서 10개씩 묶음 2개와 낱개 4개를 삶았습니다. 삶고 남은 달걀은 몇 개입니까?

(   )

유형 3 □ 안에 들어갈 수 있는 숫자 구하기

0부터 9까지의 숫자 중에서 ■에 들어갈 수 있는 숫자를 모두 구하시오.

$$73 > 7■$$

풀이 10개씩 묶음의 수가 □로 같으므로 낱개의 수를 비교하면 ■에 들어갈 수 있는 숫자는 □보다 작아야 합니다.

따라서 0부터 9까지의 숫자 중에서 ■에 들어갈 수 있는 숫자는 □, □, □입니다.

▶ 쏙쏙원리
10개씩 묶음의 수가 같으므로 낱개의 수를 비교합니다.

답

3-1 0부터 9까지의 숫자 중에서 □ 안에 들어갈 수 있는 숫자는 모두 몇 개입니까?

$$5□ 는 56보다 큽니다.$$

( )

3-2 1부터 9까지의 숫자 중에서 □ 안에 공통으로 들어갈 수 있는 숫자를 구하시오.

$$34 < 3□ \qquad 62 > □7$$

( )

유형 4 수의 크기 비교하기

딱지를 영우는 10장씩 묶음 5개와 낱장 21장을 가지고 있고, 서진이는 10장씩 묶음 7개와 낱장 4장을 가지고 있습니다. 딱지를 더 많이 가지고 있는 사람은 누구입니까?

풀이

10장씩 묶음 5개와 낱장 21장은 10장씩 묶음 ☐개와 낱장 1장과 같으므로 ☐장입니다. ➡ 영우가 가지고 있는 딱지는 ☐장입니다.

10장씩 묶음 7개와 낱장 4장은 ☐장입니다.

➡ 서진이가 가지고 있는 딱지는 ☐장입니다.

따라서 ☐ < ☐ 이므로 ☐이가 딱지를 더 많이 가지고 있습니다.

▶ 쏙쏙원리
10장씩 묶음 ■개와 낱장 ▲●장인 수 ➡ 10장씩 묶음(■ + ▲)개와 낱장 ●장인 수

답

4-1 지안이와 윤서가 딸기를 땄습니다. 지안이는 10개씩 묶음 7개와 낱개 15개를 땄고, 윤서는 10개씩 묶음 6개와 낱개 23개를 땄습니다. 딸기를 더 적게 딴 사람은 누구입니까?

( )

4-2 주아, 영오, 미주는 칭찬 스티커를 모았습니다. 주아는 10장씩 묶음 5개와 낱장 6장, 영오는 10장씩 묶음 4개와 낱장 19장을 모았고, 미주는 주아보다 2장 더 모았습니다. 칭찬 스티커를 많이 모은 사람부터 차례대로 이름을 쓰시오.

( )

유형5 | I 큰 수와 I 작은 수의 활용

어떤 수보다 I 큰 수는 92입니다. 어떤 수보다 I 작은 수는 얼마입니까?

풀이

어떤 수 $\xrightarrow[\text{I 작은 수}]{\text{I 큰 수}}$ ☐

어떤 수보다 I 큰 수가 ☐ 이므로 어떤 수는 ☐ 보다 I 작은 수인 ☐ 입니다.

따라서 어떤 수 ☐ 보다 I 작은 수는 ☐ 입니다.

▶ 쏙쏙원리
어떤 수보다 I 큰 수가 ●이면 ●보다 I 작은 수가 어떤 수입니다.

답

5-1 어떤 수보다 I 작은 수는 67입니다. 어떤 수보다 I 큰 수는 얼마입니까?

(   )

5-2 어떤 수보다 I 큰 수는 58입니다. 어떤 수보다 2 작은 수는 얼마입니까?

(   )

5-3 어떤 수보다 3 작은 수는 74입니다. 어떤 수보다 2 큰 수는 얼마입니까?

(   )

유형 6　조건을 만족하는 수 구하기

두 조건을 만족하는 수를 모두 구하시오.

> • 몇십몇 중에서 60보다 큰 수입니다.
> • 낱개의 수는 10개씩 묶음의 수보다 3 작습니다.

풀이　몇십몇 중에서 60보다 큰 수는 10개씩 묶음의 수가

　[　]개, [　]개, [　]개, [　]개입니다.

이 중에서 낱개의 수가 10개씩 묶음의 수보다 [　] 작은

수는 [　], [　], [　], [　] 입니다.

▶ **쏙쏙원리**
60보다 큰 수의 10개씩 묶음의 수를 구합니다.

답

6-1　두 조건을 만족하는 수를 모두 구하시오.

> • 62보다 크고 75보다 작습니다.
> • 10개씩 묶음의 수가 낱개의 수보다 작습니다.

(　　　　　　)

6-2　두 조건을 만족하는 수는 모두 몇 개인지 구하시오.

> • 38보다 크고 71보다 작은 짝수입니다.
> • 10개씩 묶음의 수와 낱개의 수가 같습니다.

(　　　　　　)

유형7 수 카드로 수 만들기

수 카드 3장 중에서 2장을 뽑아 한 번씩만 사용하여 몇십몇을 만들려고 합니다. 만들 수 있는 수 중에서 68보다 작은 수는 모두 몇 개입니까?

3   6   8

풀이 수 카드로 만들 수 있는 몇십몇을 구하면 36, 3☐, 6☐, 68, 83, 8☐ 입니다.

이 중에서 68보다 작은 수는 ☐, ☐, ☐ 이므로 모두 ☐ 개입니다.

▶쏙쏙원리
만들 수 있는 몇십몇을 모두 알아봅니다.

답

7-1 수 카드 4장 중에서 2장을 뽑아 한 번씩만 사용하여 몇십몇을 만들려고 합니다. 만들 수 있는 수 중에서 가장 큰 수와 가장 작은 수를 구하시오.

4   5   2   7

가장 큰 수 (   ), 가장 작은 수 (   )

7-2 수 카드 4장 중에서 2장을 뽑아 한 번씩만 사용하여 몇십몇을 만들려고 합니다. 만들 수 있는 수 중에서 둘째로 작은 수를 구하시오.

9   3   0   6

(   )

종합응용력완성

01 승호는 수수깡 76개를 가지고 있습니다. 이 수수깡을 한 사람에게 10개씩 나누어 주면 모두 몇 사람에게 나누어 줄 수 있습니까?

( )

02 편의점에 우유가 10개씩 묶음 6개와 낱개 3개가 있었습니다. 그중에서 41개를 팔았습니다. 남은 우유는 몇 개입니까?

( )

🚩 41은 10개씩 묶음 4개와 낱개 1개입니다.

03 놀이공원 입구에 사람들이 한 줄로 서 있습니다. 앞에서부터 예순다섯 번째와 일흔두 번째 사이에 서 있는 사람은 모두 몇 명입니까?

( )

🚩 예순다섯과 일흔둘을 각각 수로 나타내어 봅니다.

04 팔찌 한 개를 만드는 데 구슬이 10개 필요합니다. 구슬이 10개씩 묶음 7개와 낱개 21개만큼 있다면 팔찌는 몇 개까지 만들 수 있습니까?

(   )

05 한 상자에 20개씩 들어 있는 귤이 3상자 있습니다. 귤은 모두 몇 개입니까?

(   )

⚑ 20은 10개씩 묶음 2개를 나타냅니다.

06 1부터 9까지의 숫자 중에서 □ 안에 들어갈 수 있는 숫자는 모두 몇 개입니까?

□4는 54보다 크고 84보다 작습니다.

(   )

⚑ 54보다 크고 84보다 작은 수 중에서 낱개의 수가 4인 수를 찾습니다.

07 주은이와 동생은 체험학습에서 조개를 캤습니다. 두 사람 중 캔 조개의 수가 홀수인 사람은 누구입니까?

각자 캔 조개의 수를 먼저 구해 봅니다.

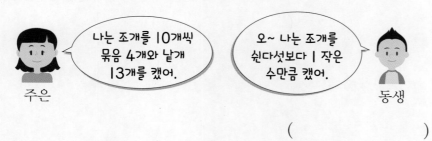

나는 조개를 10개씩 묶음 4개와 낱개 13개를 캤어.

주은

오~ 나는 조개를 쉰다섯보다 1 작은 수만큼 캤어.

동생

(   )

08 ㉠과 ㉡ 사이에는 7개의 수가 있습니다. ▲는 0부터 9까지의 수일 때, ▲를 구하시오.

●와 ■ 사이의 수에 ●와 ■는 포함되지 않습니다.

> ㉠ 여든셋
> ㉡ 10개씩 묶음 7개와 낱개 ▲개

(   )

09 두 조건을 만족하는 수를 모두 구하시오.

> • 41보다 크고 67보다 작은 홀수입니다.
> • 10개씩 묶음의 수와 낱개의 수의 합은 9입니다.

(   )

10 63보다 5 작은 수와 78보다 6 큰 수 사이에 있는 수 중에서 10개씩 묶음의 수가 낱개의 수보다 작은 수는 몇 개입니까?

(   )

63보다 5 작은 수와 78보다 6 큰 수를 먼저 구합니다.

11 다음은 하은이와 친구들의 줄넘기 기록입니다. 줄넘기를 한 횟수가 모두 다를 때 세 번째로 많이 한 학생의 이름을 쓰시오.

이름	하은	지원	민서	예나	서우
횟수(회)	6☐	8☐	53	9☐	80

(   )

10개씩 묶음의 수를 먼저 비교하고, 그 수가 같으면 낱개의 수를 비교합니다.

12 큰 수부터 차례로 기호를 쓰시오.

> ㉠ 67과 69 사이의 수
> ㉡ 여든넷보다 7 작은 수
> ㉢ 10개씩 묶음 6개와 낱개 14개인 수

(   )

㉠, ㉡, ㉢의 수를 구하여 크기를 비교합니다.

13 수 카드 **5**장 중에서 **2**장을 뽑아 한 번씩만 사용하여 몇십몇을 만들려고 합니다. 만들 수 있는 수 중에서 두 번째로 작은 홀수는 몇인지 풀이 과정을 쓰고 답을 구하시오.

| 3 | 4 | 1 | 0 | 5 |

홀수이려면 낱개의 수가 1, 3, 5, 7, 9이어야 합니다.

▌풀이

▌답

14 투호 경기를 하는 데 쓸 화살이 10개씩 묶음 4개와 낱개 13개가 있습니다. 몇 개가 더 있어야 10개씩 묶음 9개가 됩니까?

( )

낱개 3개가 10개씩 묶음 1개가 되려면 몇 개가 더 있어야 하는지 알아봅니다.

15 책꽂이에 55권의 책이 번호 순서대로 한 줄로 꽂혀 있었습니다. 서하와 태민이가 빌린 책 사이에는 몇 권의 책이 꽂혀 있었는지 구하시오.

뒤에서 1번째는 앞에서 55번째이고 뒤에서 2번째는 앞에서 54번째입니다.

• 서하는 앞에서 38번째 책을 빌렸습니다.
• 태민이는 뒤에서 9번째 책을 빌렸습니다.

( )

01 다음은 10부터 99까지의 수 중 어떤 한 수에 대해 세 사람이 설명한 것입니다. 설명한 수는 무엇입니까?

> • 현우: 10개씩 묶음의 수는 5보다 작습니다.
> • 지환: 낱개의 수는 4보다 큽니다.
> • 서연: 10개씩 묶음의 수와 낱개의 수의 합이 7보다 작습니다.

(   )

02 다음 조건을 만족하는 몇십몇 ■● 를 구하시오.

> • ■ + ● = 8
> • ● − ■ = 4

(   )

03 1부터 99까지의 수를 한 번씩 쓰려고 합니다. 숫자 7은 모두 몇 번 써야 합니까?

(   )

04 조건을 만족하는 두 수 ㉠과 ㉡이 있습니다. ㉡은 ㉠보다 얼마나 더 작습니까?

> • ㉠은 85보다 작고, ㉡은 66보다 큰 수입니다.
> • ㉠과 85 사이의 수는 모두 6개입니다.
> • 66과 ㉡ 사이의 수는 모두 5개입니다.

(   )

05 빵집의 진열대에 단팥빵이 10개씩 3개, 5개씩 7개, 낱개 16개가 진열되어 있습니다. 단팥빵은 모두 몇 개입니까?

(   )

창의 융합

06 몇십몇이 쓰여진 수 카드에서 일정하게 뛰어 세기한 수가 되도록 5장을 뽑았습니다. **가**에 쓰인 수가 **나**에 쓰인 수보다 작다고 할 때, **가**와 **나**에 올 수 있는 수는 얼마인지 모두 구하시오.

51　**가**　**나**　**61**　**41**

(   )

1

100까지의 수

한 수 위

덧셈과 뺄셈(1)

2

이 단원에서
완성할 내용

2. 덧셈과 뺄셈(1)

+ 개념

1 세 수의 덧셈

두 수를 더하고, 두 수를 더한 값에 나머지 한 수를 더합니다.

· 1＋2＋4의 계산

$$1＋2＋4＝7$$
3
7

$$\begin{array}{r} 1 \\ +\ 2 \\ \hline 3 \end{array}$$
$$\begin{array}{r} 3 \\ +\ 4 \\ \hline 7 \end{array}$$

2 세 수의 뺄셈

앞의 두 수를 먼저 계산하고, 그 값에서 나머지 한 수를 뺍니다.

· 9－2－3의 계산

$$9－2－3＝4$$
7
4

$$\begin{array}{r} 9 \\ -\ 2 \\ \hline 7 \end{array}$$
$$\begin{array}{r} 7 \\ -\ 3 \\ \hline 4 \end{array}$$

3 10이 되는 더하기, 10에서 빼기

(1) 이어 세기로 10이 되는 더하기를 하고, 두 수를 바꾸어 더한 결과 비교하기

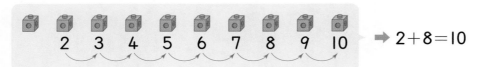

➡ 2＋8＝10

➡ 8＋2＝10

➡ 두 수를 서로 바꾸어 더해도 합은 10으로 같습니다.

(2) 거꾸로 세기로 10에서 빼기

➡ 10－2＝8

○ 세 수의 덧셈은 계산 순서를 바꾸어 더해도 결과는 같습니다.

$$1＋2＋4＝7$$
6
7

○ 세 수의 뺄셈은 반드시 앞에서부터 두 수씩 차례로 계산해야 합니다.

개념 1 세 수의 덧셈

01 □ 안에 알맞은 수를 써넣으시오.

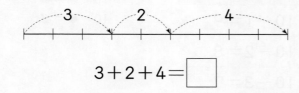

$$3+2+4=\boxed{}$$

개념 1 세 수의 덧셈

02 블록을 민규는 5개, 준우는 1개, 지후는 2개 쌓았습니다. 세 명이 쌓은 블록은 모두 몇 개입니까?

(   )

개념 2 세 수의 뺄셈

03 가장 큰 수에서 나머지 두 수를 뺀 값은 얼마입니까?

| 3 | 8 | 1 |

(   )

개념 2 세 수의 뺄셈

04 계산 결과가 큰 것의 기호를 쓰시오.

⊙ 7 − 3 − 2   ⓒ 9 − 2 − 4

(   )

개념 3 10이 되는 더하기, 10에서 빼기

05 유진이는 사탕 7개를 가지고 있습니다. 3개의 사탕을 더 산다면 유진이는 모두 몇 개의 사탕을 가지게 됩니까?

(   )

개념 3 10이 되는 더하기, 10에서 빼기

06 그림을 보고 뺄셈을 해 보세요.

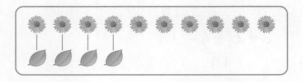

$$10-4=\boxed{}$$

4 10이 되는 덧셈식, 10에서 빼는 뺄셈식

	10이 되는 덧셈식	10에서 빼는 뺄셈식
◇◇◇◇◇◇◇◇◇◇	$1+9=10$	$10-1=9$
◇◇◇◇◇◇◇◇◇◇	$2+8=10$	$10-2=8$
◇◇◇◇◇◇◇◇◇◇	$3+7=10$	$10-3=7$
◇◇◇◇◇◇◇◇◇◇	$4+6=10$	$10-4=6$
◇◇◇◇◇◇◇◇◇◇	$5+5=10$	$10-5=5$
◇◇◇◇◇◇◇◇◇◇	$6+4=10$	$10-6=4$
◇◇◇◇◇◇◇◇◇◇	$7+3=10$	$10-7=3$
◇◇◇◇◇◇◇◇◇◇	$8+2=10$	$10-8=2$
◇◇◇◇◇◇◇◇◇◇	$9+1=10$	$10-9=1$

+ 개념

➕ ■＋●＝10일 때
➡ $10-■=●$
　 $10-●=■$

5 10을 만들어 세 수 더하기

10이 되는 두 수를 먼저 더하고 남은 수를 더합니다.

(1) 앞의 두 수로 10을 만들어 더하기

$4+6+2=12$
　10
　　12

(2) 뒤의 두 수로 10을 만들어 더하기

$3+6+4=13$
　　10
　13

(3) 양 끝의 두 수로 10을 만들어 더하기

$8+6+2=16$
　10
　16

➕ 더하여 10이 되는 두 수를 찾아 먼저 더한 후 계산하는 것이 편리합니다.

개념 4 10이 되는 덧셈식, 10에서 빼는 뺄셈식

07 더해서 10이 되는 두 수씩 짝 지으려고 합니다. 짝 지을 수 없는 수는 무엇입니까?

| 3 | 8 | 2 | 7 | 5 |

( )

개념 4 10이 되는 덧셈식, 10에서 빼는 뺄셈식

08 □ 안에 알맞은 수를 구하시오.

$$7+3=\boxed{}+6$$

( )

개념 4 10이 되는 덧셈식, 10에서 빼는 뺄셈식

09 두 수의 차를 구하여 그 수에 해당하는 글자를 찾아 쓰시오.

2	3	4	5	6
고	우	미	유	수

10−4	10−8

개념 5 10을 만들어 세 수 더하기

10 다음 세 수의 합이 17일 때 □ 안에 알맞은 수를 구하시오.

| 9 | 1 | □ |

( )

개념 5 10을 만들어 세 수 더하기

11 관계있는 것끼리 선으로 이어 보시오.

3+7+4 ·   · 10+1

                  · 10+3

6+1+4 ·   · 10+4

개념 5 10을 만들어 세 수 더하기

12 냉장고에 사과 7개, 귤 6개, 배 3개가 들어 있습니다. 냉장고에 있는 과일은 모두 몇 개입니까?

( )

유형1 10이 되는 더하기

영우는 장미 3송이, 백합 4송이를 가지고 있습니다. 영우와 은서가 가지고 있는 꽃을 더하니 10송이가 되었습니다. 은서가 가지고 있는 꽃은 몇 송이입니까?

풀이 영우가 가지고 있는 장미와 백합은 모두

$3+4=\boxed{}$ (송이)입니다.

7과 더해서 10이 되는 수는 $\boxed{}$이므로 두 사람이 가지고 있는 꽃이 모두 10송이가 되려면 꽃이 $\boxed{}$송이 더 필요합니다.

따라서 은서가 가지고 있는 꽃은 $\boxed{}$송이입니다.

▶ 쏙쏙원리
영우가 가지고 있는 장미와 백합 수의 합을 먼저 구합니다.

답

1-1 태호가 위인전 2권, 동화책 4권, 만화책 몇 권을 읽었습니다. 태호가 읽은 책이 모두 10권일 때, 만화책은 몇 권 읽었습니까?

(   )

1-2 필통 안에 연필 2자루, 색연필 3자루, 볼펜 3자루, 형광펜 몇 자루가 들어 있습니다. 필통 안의 필기구는 모두 10자루일 때, 형광펜은 몇 자루입니까?

(   )

유형2 **모양에 알맞은 값 구하기**

같은 모양은 같은 수를 나타냅니다. ▲에 알맞은 수를 구하시오.

$$6+4=★$$
$$3+◆=10$$
$$★-◆=▲$$

풀이 $6+4=\boxed{}$ 이므로 $★=\boxed{}$ 입니다.

$3+◆=10$ 에서 3과 더해서 10이 되는 수는 $\boxed{}$ 이므로 $◆=\boxed{}$ 입니다.

$★-◆=\boxed{}-\boxed{}=\boxed{}$ 이므로 $▲=\boxed{}$ 입니다.

▶ **쏙쏙원리**
가장 먼저 계산해야 할 식은 $6+4=★$입니다.

답

2-1 같은 모양은 같은 수를 나타냅니다. ■와 ●에 알맞은 수의 합을 구하시오.

$$■+■=10$$
$$10-●=8$$

(   )

2-2 같은 모양은 같은 수를 나타냅니다. ●에 알맞은 수를 구하시오.

$$10-◆=7$$
$$◆+2=▲$$
$$▲-4=●$$

(   )

유형3 주어진 합이 되는 세 수 찾기

다음 중 합이 14가 되는 서로 다른 세 수를 찾아 쓰시오.

| 8 | 5 | 4 | 3 | 2 |

풀이 더해서 10이 되는 두 수는 ☐ 과 ☐ 입니다.

합이 14가 되려면 10에 ☐ 를 더해야 합니다.

따라서 합이 14가 되는 세 수는 ☐ , ☐ , ☐ 입니다.

▶ 쏙쏙원리
더해서 10이 되는 두 수를 먼저 찾습니다.

답

3-1 다음 중 합이 15가 되는 서로 다른 세 수를 찾아 쓰시오.

| 6 | 3 | 5 | 7 | 8 |

(   )

3-2 다음 중 합이 17이 되는 서로 다른 세 수를 찾아 쓰시오.

| 1 | 8 | 9 | 6 | 7 |

(   )

유형 4 □ 안에 들어갈 수 있는 수 구하기

1부터 9까지의 수 중에서 ▲에 들어갈 수 있는 가장 큰 수를 구하시오.

$$3 + 2 + ▲ < 9$$

풀이

$3 + 2 = \boxed{}$, $\boxed{} + ▲ = 9$를 만족하는 ▲를 구하면

$▲ = \boxed{}$입니다.

$5 + ▲$가 9보다 작으려면 ▲에는 $\boxed{}$보다 작은 수가 들어가야 합니다.

따라서 ▲에 들어갈 수 있는 수는 $\boxed{}$, $\boxed{}$, $\boxed{}$이므로 이 중 가장 큰 수는 $\boxed{}$입니다.

▶ 쏙쏙원리
<를 =으로 바꾸어 ▲에 알맞은 수를 먼저 구합니다.

답

4-1 1부터 9까지의 수 중에서 □ 안에 들어갈 수 있는 가장 큰 수를 구하시오.

$$8 - 2 - \boxed{} > 1$$

( )

4-2 1부터 9까지의 수 중에서 □ 안에 들어갈 수 있는 가장 작은 수를 구하시오.

$$9 - 1 - \boxed{} < 3$$

( )

유형5 수 카드를 사용하여 식 쓰기

수 카드 3, 4, 6, 9 중 2장을 골라 □ 안에 하나씩 넣어 덧셈식을 만들려고 합니다. 만들 수 있는 덧셈식을 모두 쓰시오.

$$\boxed{}+7+\boxed{}=14$$

풀이 7과 더해서 10이 되는 수는 □이고 10과 더해서 14가 되는 수는 □입니다.

따라서 합이 14가 되는 덧셈식은 □+7+□=14, □+7+□=14입니다.

▶ 쏙쏙원리
7과 더해서 10이 되는 수를 먼저 구합니다.

답

5-1 수 카드 1, 4, 6, 8 중 2장을 골라 □ 안에 하나씩 넣어 덧셈식을 만들려고 합니다. 만들 수 있는 덧셈식을 모두 쓰시오.

$$\boxed{}+5+\boxed{}=15$$

( )

5-2 수 카드 6, 8, 5, 9 를 한 번씩 사용하여 식을 완성하시오.

$$\boxed{}+\boxed{}=\boxed{}+\boxed{}$$

유형 6 □ 안에 알맞은 수의 크기를 비교하기

■에 알맞은 수가 가장 작은 것을 찾아 기호를 쓰시오.

$$㉠ \ 4 + ■ = 10 \qquad ㉡ \ 10 - ■ = 8 \qquad ㉢ \ ■ + 7 = 10$$

풀이

㉠에서 4와 더해서 10이 되는 수는 □이므로

■ = □ 입니다.

㉡에서 10에서 빼서 8이 되는 수는 □이므로

■ = □ 입니다.

㉢에서 7과 더해서 10이 되는 수는 □이므로

■ = □ 입니다.

따라서 ■에 알맞은 수가 가장 작은 것은 □ 입니다.

▶ 쏙쏙원리
■에 들어갈 수를 각각 구합니다.

답

6-1 □ 안에 알맞은 수가 가장 큰 것을 찾아 기호를 쓰시오.

$$㉠ \ 10 - □ = 5 \qquad ㉡ \ 9 + □ = 10 \qquad ㉢ \ 10 - □ = 7$$

(   )

6-2 □ 안에 알맞은 수가 큰 순서대로 기호를 쓰시오.

$$㉠ \ □ + 8 = 10 \qquad ㉡ \ 10 - □ = 6 \qquad ㉢ \ 8 - 2 - □ = 1$$

(   )

01 □ 안에 알맞은 수가 작은 것부터 차례로 기호를 쓰시오.

> ㉠ □ +7=10   ㉡ 10- □ =4
> ㉢ 2+ □ =10   ㉣ 10-3= □

각 □ 안에 들어갈 수를 먼저 구해 봅니다.

(   )

02 시은이는 세 가지 색종이를 가지고 있습니다. 시은이는 빨간색 색종이 10장 중에서 7장을, 노란색 색종이 10장 중에서 3장을, 파란색 색종이 10장 중에서 6장을 동생에게 주었습니다. 시은이에게 남은 색종이는 모두 몇 장입니까?

빨간색, 노란색, 파란색 색종이가 각각 몇 장씩 남았는지 먼저 구합니다.

(   )

03 |보기|와 같은 규칙으로 빈 곳에 알맞은 수를 써넣으시오.

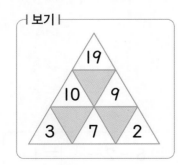

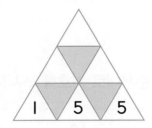

04 어느 피자가게에서는 쿠폰 10장을 모으면 무료 피자 1판을 준다고 합니다. 지율이가 5장, 유빈이가 3장의 쿠폰을 모았습니다. 두 사람의 쿠폰을 합쳐서 무료 피자 1판을 받으려면 쿠폰을 몇 장 더 모아야 합니까?

( )

두 사람이 모은 쿠폰 수의 합을 먼저 구합니다.

05 해준이와 하윤이가 가지고 있는 스티커의 수는 같습니다. 두 사람이 가지고 있는 하트 모양 스티커는 몇 장인지 풀이 과정을 쓰고 답을 구하시오.

이름	별 모양 스티커	하트 모양 스티커
해준	4장	□장
하윤	8장	2장

풀이

답

(해준이가 가지고 있는 스티커의 수)=(하윤이가 가지고 있는 스티커의 수)이므로
$4+□=8+2$입니다.

06 기주는 초밥을 8개 먹었고, 준서는 기주보다 초밥을 3개 더 많이 먹었습니다. 두 사람이 먹은 초밥은 모두 몇 개입니까?

( )

(준서가 먹은 초밥의 수)=(기주가 먹은 초밥의 수)+3

07 시아와 민재가 과녁 맞히기 놀이를 하였습니다. 그림을 보고 누가 점수를 몇 점 더 많이 얻었는지 풀이 과정을 쓰고 답을 구하시오.

시아와 민재의 점수를 각각 구하여 점수를 비교합니다.

시아

민재

풀이 _____

_____

_____

답 _____

08 지민, 아린, 하은이는 각각 색종이를 10장씩 가지고 있습니다. 이 중에서 몇 장씩 사용하여 종이비행기를 접고 나니 지민이는 5장, 아린이는 7장, 하은이는 3장의 색종이가 남았습니다. 종이비행기를 많이 접은 사람부터 차례대로 이름을 쓰시오. (단, 색종이 1장으로는 종이비행기 1개를 접습니다.)

지민, 아린, 하은이가 사용한 색종이의 수를 구하여 비교합니다.

(   )

09 다음 중 계산 결과가 홀수인 것의 기호를 모두 쓰시오.

> ㉠ 4+2+3   ㉡ 9−2−2   ㉢ 4+2+6
> ㉣ 10−1−5   ㉤ 2+7+3   ㉥ 1+9+5

(   )

둘씩 짝을 지을 수 있는 수를 짝수라고 하고, 둘씩 짝을 지을 수 없는 수를 홀수라고 합니다.

2
덧셈과 뺄셈 (1)

10 신우는 공룡 4개, 로봇 2개, 자동차 3개의 장난감을 가지고 있었습니다. 이 중에서 몇 개를 친구에게 주었더니 6개가 남았습니다. 신우가 친구에게 준 장난감은 몇 개입니까?

(   )

신우가 가지고 있는 장난감의 수를 먼저 구합니다.

11 1부터 9까지의 수 중에서 □ 안에 들어갈 수 있는 수의 합을 구하시오.

> 6+□+4<8+6

(   )

<를 =로 놓고 계산하여 □ 안에 들어갈 수 있는 수를 먼저 구합니다.

12 도윤이는 6살입니다. 누나는 도윤이보다 3살 많고, 동생은 누나보다 5살 적습니다. 도윤, 누나, 동생의 나이를 모두 더하면 몇 살입니까?

누나와 동생의 나이를 각각 구한 후, 세 사람의 나이의 합을 구합니다.

(   )

13 소율이는 치킨 10조각을 사와서 3조각은 남겨 두고 나머지를 누나와 나누어 먹었습니다. 소율이가 누나보다 1조각 더 많이 먹었다면 소율이가 먹은 치킨을 몇 조각입니까?

3조각을 남겨 두고 먹은 치킨 조각 수를 두 수로 가르기 해 봅니다.

(   )

14 수현이는 3일 동안 수학 문제집을 풀었습니다. 첫째 날은 4쪽, 둘째 날은 첫째 날보다 2쪽 더 많이, 셋째 날은 지난 이틀 동안 풀었던 쪽수보다 3쪽 적게 풀었습니다. 수현이는 3일 동안 수학 문제집을 모두 몇 쪽 풀었습니까?

둘째 날, 셋째 날 푼 쪽수를 차례대로 구해 봅니다.

(   )

15 다음 두 식의 ○ 안에 ＋, －를 써넣어 나온 계산 결과가 ▲, ■입니다. ▲와 ■의 합이 10이 되도록 ○ 안에 ＋, －를 알맞게 써넣고, ▲, ■의 값을 차례로 구하시오.

⚑ ○ 안에 ＋, －를 써넣어 나온 계산 결과를 모두 구합니다.

5 ○ 3 ○ 1 = ▲   8 ○ 2 ○ 5 = ■

▲ (   ), ■ (   )

16 같은 모양은 같은 수를 나타냅니다. 표의 오른쪽에 있는 수는 가로줄에 놓인 모양들의 합이고, 아래쪽에 있는 수는 세로줄에 놓인 모양들의 합입니다. ㄱ＋ㄴ의 값을 구하시오.

●	★	●	16
■	■	★	8
ㄱ	ㄴ	10	

(   )

01 ㉠＋㉡＋㉢＋㉣의 값을 구하시오.

> ㉠＋3＝10　　2＋㉡＋8＝16
>
> 10－1－㉢＝5　　9－4－2＝㉣

(　　　　　　　)

02 어느 음악실에 있는 거문고와 가야금의 수의 합은 6개이고, 가야금과 해금의 수의 합은 8개입니다. 거문고, 가야금, 해금의 수의 합이 10개일 때, 가야금의 수를 구하시오.

(　　　　　　　)

03 서우는 어떤 수 ●에 4와 2를 더해야 할 것을 잘못하여 뺐더니 8이 나왔고, 우영이는 어떤 수 ■에서 1과 3을 빼야 할 것을 잘못하여 더했더니 15가 나왔습니다. 서우와 우영이가 바르게 계산한 값이 ★, ♥일 때, ★＋♥의 값을 구하려고 합니다. 풀이 과정을 쓰고 답을 구하시오.

(　　　　　　　)

04 규리, 진아, 민서가 만두 10개를 나누어 먹었습니다. 규리는 진아보다 1개 더 먹었고, 민서는 규리보다 2개 더 먹었습니다. 규리, 진아, 민서가 먹은 만두는 각각 몇 개입니까?

규리 (   ), 진아 (   ), 민서 (   )

창의 융합

05 □ 안에는 1부터 9까지의 수가 한 번씩 들어갑니다. ◯ 안의 수는 그 줄에 놓인 세 수의 합이라고 할 때, ⬤ 안에 알맞은 수를 구하시오.

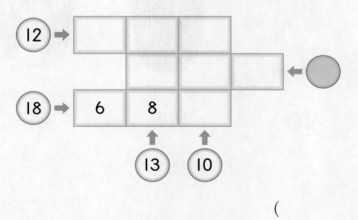

(   )

아래 그림에서 공통으로 들어갈 수 있는 단어는
무엇일까요?

배추   사슴   바퀴   장구

모양과 시각

3

3. 모양과 시각

+ 개념

1 여러 가지 모양 찾기

■, ▲, ● 모양 찾기

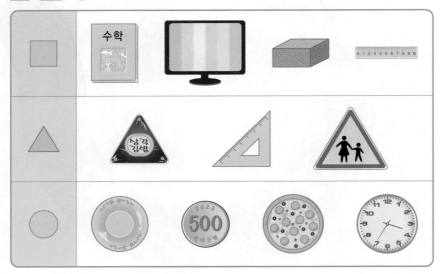

⊕ ■, ▲, ● 모양의 이름
- ■ 모양: 네모 모양
- ▲ 모양: 세모 모양
- ● 모양: 동그라미 모양

2 같은 모양끼리 모으기

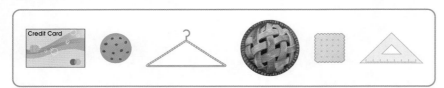

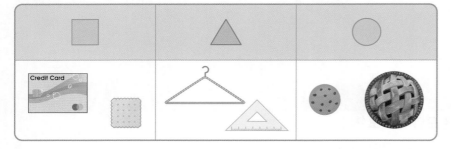

⊕ 같은 모양끼리 모을 때 크기나 색깔은 생각하지 않습니다.

3 ■, ▲, ● 모양인 물건 본뜨기

종이 위에 본뜨기할 때 나올 수 있는 모양 알아보기

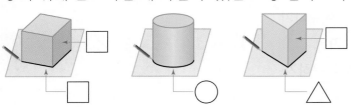

개념 1 여러 가지 모양 찾기

01 다음 물건들에서 찾을 수 있는 모양에 ○표 하시오.

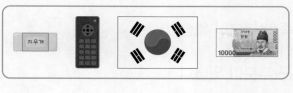

(■ , ▲ , ●)

개념 1 여러 가지 모양 찾기

[02~03] 그림을 보고 물음에 답하시오.

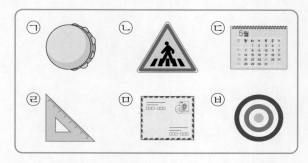

02 ▲ 모양의 물건을 모두 찾아 기호를 쓰시오.

( )

03 ㉠ 물건과 같은 모양을 모두 찾아 색칠해 보시오.

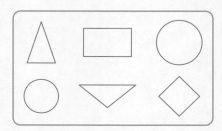

개념 2 같은 모양끼리 모으기

04 같은 모양끼리 모은 사람은 누구입니까?

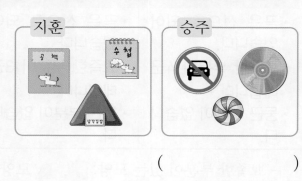

( )

개념 3 ■, ▲, ● 모양인 물건 본뜨기

05 그림과 같이 물건을 종이 위에 대고 본떴을 때 나오는 모양을 이어 보시오.

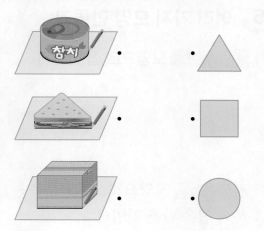

개념 3 ■, ▲, ● 모양인 물건 본뜨기

06 왼쪽 물건에 물감을 묻혀 찍을 때 나올 수 없는 모양에 ○표 하시오.

(■ , ▲ , ●)

4 여러 가지 모양 알아보기

□ 모양	△ 모양	○ 모양
• 곧은 선으로 되어 있습니다. • 뾰족한 부분이 4군데입니다. • 둥근 부분이 없습니다.	• 곧은 선으로 되어 있습니다. • 뾰족한 부분이 3군데입니다. • 둥근 부분이 없습니다.	• 곧은 선이 없습니다. • 뾰족한 부분이 없습니다. • 둥근 부분이 있습니다.

➡ ┌ 뾰족한 부분이 있는 모양: █, △ 모양
　└ 뾰족한 부분이 없는 모양: ○ 모양

(참고) 각 모양의 특징을 알아볼 때에는 곧은 선, 뾰족한 부분, 둥근 부분이 있는지 살펴 봅니다.

5 여러 가지 모양 만들기

(1) █, △, ○ 모양으로 집 만들기

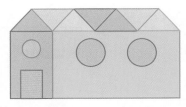

지붕은 △ 모양으로, 벽과 문은 █ 모양으로, 창문은 ○ 모양으로 하여 집을 만든 것입니다.

(2) 만든 모양에 사용된 █, △, ○ 모양의 수 세어 보기

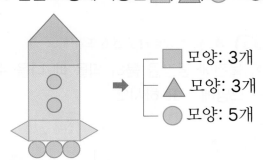

➡ ┌ █ 모양: 3개
　├ △ 모양: 3개
　└ ○ 모양: 5개

+ 개념

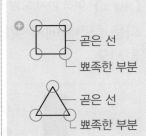
┌ 곧은 선
└ 뾰족한 부분

┌ 곧은 선
└ 뾰족한 부분

● 모양의 개수를 셀 때에는 빠뜨리거나 여러 번 세지 않도록 표시하면서 세어 봅니다.

개념 4 여러 가지 모양 알아보기

[07~10] 다음 그림을 보고 물음에 답하시오.

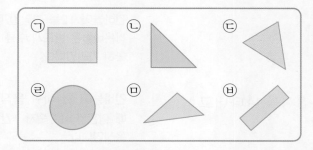

07 뽀족한 부분과 곧은 선이 모두 <u>없는</u> 것은 어느 것입니까?

( )

08 곧은 선이 3개 있고, 뽀족한 부분이 3군데 있는 것은 어느 것입니까?

( )

09 뽀족한 부분이 4군데 있는 것은 어느 것입니까?

( )

10 ■, ▲, ● 모양 중 가장 많은 모양은 어떤 모양입니까?

( )

개념 5 여러 가지 모양 만들기

[11~12] ■, ▲, ● 모양으로 다음 모양을 꾸몄습니다. 물음에 답하시오

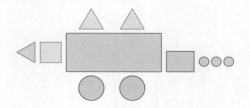

11 사용한 ▲ 모양은 몇 개입니까?

( )

12 모양을 꾸미는 데 ● 모양을 ■ 모양보다 몇 개 더 많이 사용하였습니까?

( )

개념 5 여러 가지 모양 만들기

13 주어진 모양을 모두 사용하여 만든 모양을 찾아 기호를 쓰시오.

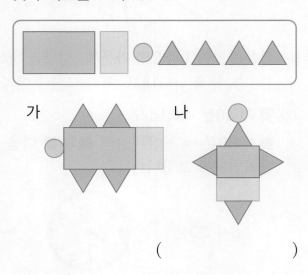

( )

6 몇 시 알아보기

(1) 몇 시 알아보기

짧은바늘이 8, 긴바늘이 12를 가리킬 때 시계는 8시를 나타내고 여덟 시라고 읽습니다.

(2) 몇 시 나타내기

●시 ➡ 짧은바늘이 ●, 긴바늘이 12를 가리키도록 그립니다.

5시

(×)   (○)

7 몇 시 30분 알아보기

(1) 몇 시 30분 알아보기

짧은바늘이 1과 2의 가운데, 긴바늘이 6을 가리킬 때 시계는 1시 30분을 나타내고 한 시 삼십 분이라고 읽습니다.

(2) 몇 시 30분 나타내기

■시 30분 ➡ 짧은바늘이 ■와 ■ 다음 수의 가운데, 긴바늘이 6을 가리키도록 그립니다.

8시 30분

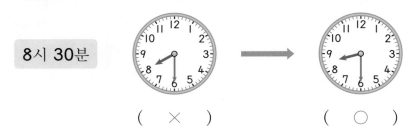

(×)   (○)

- 긴바늘이 12를 가리킬 때, 짧은바늘은 반드시 수를 정확히 가리킵니다.

- 긴바늘이 한 바퀴 움직일 때 짧은바늘은 숫자 1칸을 움직입니다.

- 긴바늘이 6을 가리킬 때, 짧은바늘은 반드시 이웃하는 두 수의 가운데에 있습니다.

⊕ 시각과 시간
- 시각: 2시, 3시 30분 등을 '시각'이라고 합니다.
- 시간: 어떤 시각부터 어떤 시각까지의 사이입니다.

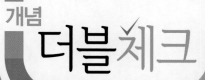
3

모
양
과
시
각

개념 6 몇 시 알아보기

14 시각을 써 보시오.

(   )

개념 6 몇 시 알아보기

15 시곗바늘을 알맞게 그리고, 시각을 쓰시오.

긴바늘 ➡ 12
짧은바늘 ➡ 7

(   )

개념 7 몇 시 30분 알아보기

16 오른쪽 시계가 나타내는 시각을 찾아 기호를 쓰시오.

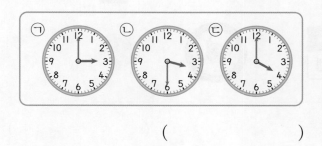

(   )

개념 7 몇 시 30분 알아보기

17 시각을 써 보시오.

(   )

개념 7 몇 시 30분 알아보기

18 지금 시각은 9시 30분입니다. 시계의 긴바늘이 가리키는 숫자는 무엇입니까?

(   )

개념 7 몇 시 30분 알아보기

19 시각을 시계에 나타내시오.

6시 30분

유형 1 같은 모양끼리 모으기

■, ▲, ● 모양 중에서 같은 모양끼리 모았을 때 모은 개수가 가장 많은 모양은 어떤 모양입니까?

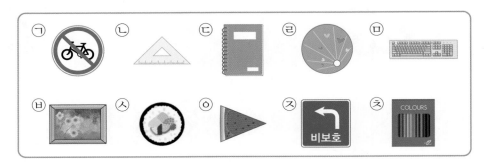

풀이 ■ 모양끼리 모으면 ㉣, ㉤, ☐, ☐, ☐으로 ☐개,

▲ 모양끼리 모으면 ㉡, ☐으로 ☐개,

● 모양끼리 모으면 ㉠, ☐, ☐으로 ☐개입니다.

모은 개수가 가장 많은 모양은 (■ , ▲ , ●) 모양입니다.

▶쏙쏙원리
같은 모양끼리 모을 때는 크기나 색깔에 관계없이 모양이 같은 것끼리 모읍니다.

답

1-1 ■, ▲, ● 모양 중에서 같은 모양끼리 모았을 때 모은 개수가 가장 적은 모양은 어떤 모양입니까?

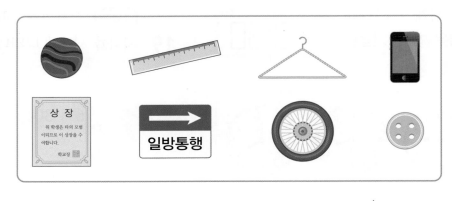

( )

유형2 조건에 맞는 모양 찾기

오른쪽 그림에서 조건에 맞는 모양의 개수를 세어 빈칸에 써넣으시오.

뾰족한 부분의 수	0군데	3군데	4군데
모양의 개수			

풀이 뾰족한 부분이 ■ 모양은 ☐ 군데, ▲ 모양은 ☐ 군데, ● 모양은 ☐ 군데입니다.

그림에서 ■ 모양을 ☐ 개, ▲ 모양을 ☐ 개, ● 모양을 ☐ 개 사용하였습니다

뾰족한 부분이 0군데인 ● 모양은 ☐ 개, 3군데인 ▲ 모양은 ☐ 개, 4군데인 ■ 모양은 ☐ 개 사용하였습니다.

> ▶ **쏙쏙원리**
> ■, ▲, ● 모양에서 뾰족한 부분이 몇 군데인지 알아봅니다.

2-1 오른쪽 그림에서 조건에 맞는 모양의 개수를 세어 빈칸에 써넣으시오.

뾰족한 부분이 있는 것	뾰족한 부분이 없는 것

2-2 오른쪽 그림에서 뾰족한 부분이 4군데인 모양은 뾰족한 부분이 3군데인 모양보다 몇 개 더 많습니까?

(   )

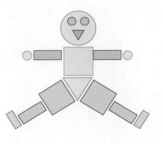

3. 모양과 시각

유형3 **사용한 모양의 개수 구하기**

우진이는 색종이를 오려서 오른쪽 모양을 만들었습니다. 가장 많이 사용한 모양과 가장 적게 사용한 모양의 개수의 차를 구하시오.

풀이 사용한 각 모양의 개수를 세어 봅니다.

■ 모양: ☐ 개, ▲ 모양: ☐ 개, ● 모양: ☐ 개

가장 많이 사용한 모양은 (■ , ▲ , ●) 모양으로

☐ 개입니다.

가장 적게 사용한 모양은 (■ , ▲ , ●) 모양으로

☐ 개입니다.

따라서 그 차는 ☐ ― ☐ = ☐ (개)입니다.

▶ 쏙쏙원리
■ , ▲ , ● 모양을 셀 때에는 빠뜨리지 않게 표시하면서 세어 봅니다.

답

3-1 승우는 색종이를 오려서 오른쪽 모양을 2개 만들려고 합니다.
▲ 모양은 몇 개 필요합니까?

( )

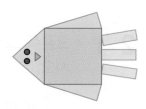

3-2 ▲ 모양을 ● 모양보다 더 많이 사용하여 만든 모양의 기호를 쓰시오.

가

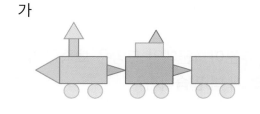

나

( )

유형 4 **주어진 모양으로 만들 수 있는 것 찾기**

주어진 모양을 모두 사용하여 만들 수 있는 모양의 기호를 쓰시오.

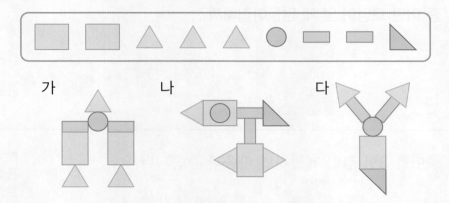

가 　　　　　　나 　　　　　　다

풀이 주어진 모양은 ▢ 모양 ▢ 개, ▲ 모양 ▢ 개, ● 모양
1개입니다.

가 ─ ▢ 모양: ▢ 개, ▲ 모양 ▢ 개, ● 모양 ▢ 개

나 ─ ▢ 모양: ▢ 개, ▲ 모양 ▢ 개, ● 모양 ▢ 개

다 ─ ▢ 모양: ▢ 개, ▲ 모양 ▢ 개, ● 모양 ▢ 개

주어진 모양을 모두 사용하여 만들 수 있는 모양은 ▢ 입
니다.

▶ **쏙쏙원리**
주어진 모양의 개수를 먼저
세어 봅니다.

답

4-1 　왼쪽 모양을 모두 사용하여 모양을 만든 사람은 누구입니까?

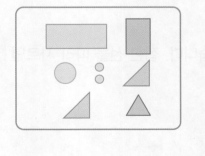
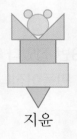
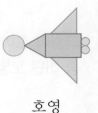

지윤 　　　　　　호영

(　　　　　　　　　)

유형 5 종이를 접어 만든 모양의 개수 구하기

그림과 같이 종이를 3번 접었다 펼쳤습니다. 접힌 선을 따라 자르면 ■, ▲, ● 모양 중 어떤 모양이 몇 개 만들어집니까?

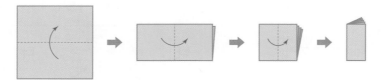

풀이 종이를 3번 접었다 펼치면 다음과 같습니다.

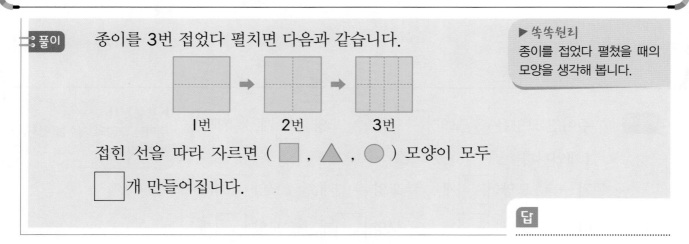

1번   2번   3번

접힌 선을 따라 자르면 (■ , ▲ , ●) 모양이 모두

☐ 개 만들어집니다.

▶ 쏙쏙원리
종이를 접었다 펼쳤을 때의
모양을 생각해 봅니다.

답

5-1 그림과 같이 종이를 2번 접은 후 ● 모양을 그려 오렸습니다. ● 모양은 몇 개 만들어집니까?

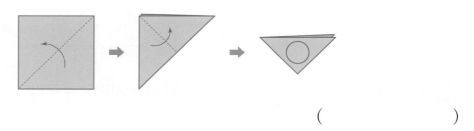

(   )

5-2 그림과 같이 종이를 3번 접었다 펼쳤습니다. 접힌 선을 따라 자르면 ■, ▲, ● 모양 중 어떤 모양이 몇 개 만들어집니까?

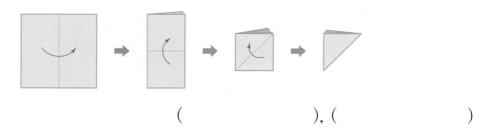

(   ), (   )

유형6 크고 작은 모양의 개수 구하기

오른쪽 그림에서 찾을 수 있는 크고 작은 ■ 모양은 모두 몇 개입니까?

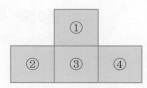

풀이

가장 작은 ■ 모양 1개짜리: ①, ②, ☐, ☐

가장 작은 ■ 모양 2개짜리: ①+③, ②+③, ③+☐

가장 작은 ■ 모양 3개짜리: ②+☐+☐

따라서 찾을 수 있는 크고 작은 ■ 모양은 모두 ☐개입니다.

▶ 쏙쏙원리
가장 작은 ■ 모양을 늘려가며 생각합니다.

답

6-1 오른쪽 그림에서 찾을 수 있는 크고 작은 ▲ 모양은 모두 몇 개입니까?

(   )

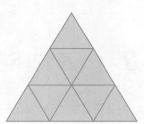

6-2 오른쪽 그림에서 찾을 수 있는 크고 작은 ■ 모양은 모두 몇 개입니까?

(   )

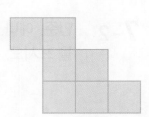

유형7 시각의 순서 알아보기

다연이와 서우가 아침에 미술관에 도착한 시각입니다. 미술관에 먼저 도착한 사람은 누구입니까?

[다연]   [서우]

풀이 다연이가 도착한 시각은 [   ]이고, 서우가 도착한

시각은 [   ]입니다. 더 빠른 시각은 [   ]이므

로 미술관에 먼저 도착한 사람은 [   ]입니다.

▶ **쏙쏙원리**
빠른 시각일수록 먼저 도착한 것입니다.

답

7-1 주호가 오후에 한 일입니다. 먼저 한 일부터 순서대로 □ 안에 1, 2, 3을 써넣으시오.

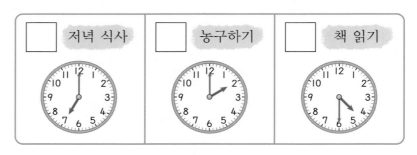

7-2 민준, 예나, 윤아가 오전에 영화관에 도착한 시각입니다. 먼저 도착한 순서대로 이름을 쓰시오.

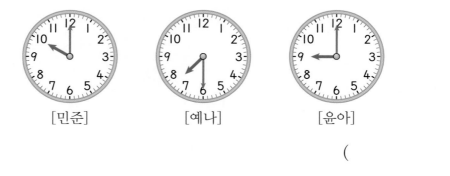

[민준]   [예나]   [윤아]

(   )

유형8 조건을 만족하는 시각 구하기

다음 조건을 모두 만족하는 시각을 구하시오.

> • 5시와 9시 사이의 시각입니다.
> • 7시보다 늦은 시각입니다.
> • 긴바늘이 12를 가리킵니다.

풀이 5시와 9시 사이의 시각 중 긴바늘이 12를 가리키는 시각
은 6시, ☐시, ☐시입니다.

이 중에서 7시보다 늦은 시각은 ☐시입니다.

▶ 쏙쏙원리
● 시와 ▲시 사이의 시각은
● 시보다 늦고 ▲시보다 빠
른 시각입니다.

답

8-1 다음 조건을 모두 만족하는 시각을 구하시오.

> • 4시와 6시 사이의 시각입니다.
> • 긴바늘은 6을 가리킵니다.
> • 5시보다 빠른 시각입니다.

(   )

8-2 설명하는 시각을 시계에 나타내고 몇 시 몇 분인지 쓰시오.

> • 긴바늘은 6을 가리킵니다.
> • 짧은바늘은 시계에서 가장 큰 숫자와 두 번째
> 로 큰 숫자의 가운데를 가리키고 있습니다.

(   )

모양과 시각

3

01 다음 그림에서 찾을 수 있는 ■ 모양과 ● 모양 중 어떤 모양이 몇 개 더 많습니까?

🚩 ● 모양은 곧은 선과 뾰족한 부분이 없습니다.

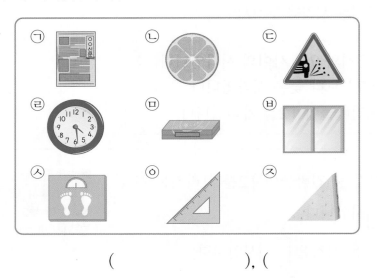

(   ), (   )

02 점선을 따라 종이를 모두 자르면 ▲ 모양은 ■ 모양보다 몇 개 더 많습니까?

🚩 점선을 따라 잘랐을 때 만들어지는 ■, ▲ 모양에 각각 다른 표시를 하며 세어 봅니다.

(   )

03 아인이와 유주, 보라는 2시 30분에 도서관에서 만나기로 약속하였습니다. 세 사람이 도서관에 도착한 시각을 보고 약속을 지킨 사람은 누구인지 쓰시오.

각각의 시계가 나타내는 시각을 구해 봅니다.

(   )

서술형

04 모양을 꾸미는 데 ▲ 모양을 가장 적게 사용한 사람은 누구인지 풀이 과정을 쓰고 답을 쓰시오.

▲ 모양을 빠짐없이 중복되지 않게 세어 봅니다.

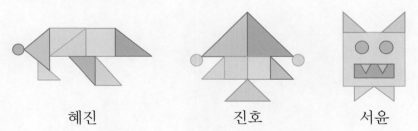

혜진   진호   서윤

▎**풀이**

▎**답**

05 미주가 공원을 산책하는 동안 시계의 긴바늘이 두 바퀴를 돌았습니다. 산책을 마치고 시계를 보았더니 오른쪽과 같았을 때, 산책을 시작한 시각을 구하시오.

긴바늘이 한 바퀴 움직이면 짧은 바늘은 얼마만큼 움직이는지 생각해 봅니다.

(   )

06 다음 그림과 같이 ■, ▲, ● 모양을 겹쳐 놓았습니다. 가장 밑에 있는 모양은 어떤 모양입니까?

일부가 보이는 부분에서 뾰족한 부분이 있는지 없는지 살펴봅니다.

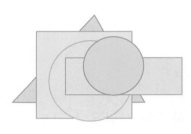

(   )

07 오른쪽 그림과 같이 5개의 점이 있습니다. 점과 점을 연결하여 그릴 수 있는 ▲ 모양은 모두 몇 개입니까?

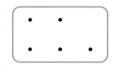

점 3개부터 시작하여 점의 개수를 늘려가며 ▲ 모양을 만들어 봅니다.

(   )

08 ▨, ▲, ⬤ 모양 중에서 뾰족한 부분이 **3**군데인 모양은 뾰족한 부분이 **4**군데인 모양보다 몇 개 더 많습니까?

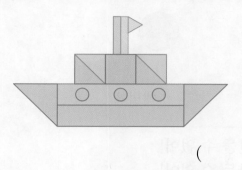

	뾰족한 부분
▨ 모양	4군데
▲ 모양	3군데
⬤ 모양	0군데

(   )

09 색종이를 오려서 다음과 같은 모양을 만들었습니다. 가장 많이 사용한 모양은 가장 적게 사용한 모양보다 몇 개 더 많습니까?

모양을 셀 때에는 빠짐없이 중복되지 않게 셉니다.

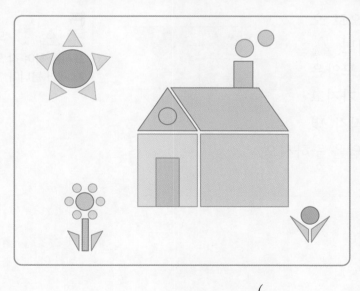

(   )

10 다음 그림을 보고 바르게 말한 사람은 누구입니까?

주어진 모양과 만든 모양에 사용한 각 모양의 개수를 비교합니다.

오뚜기   애벌레

> 해인: 주어진 모양으로 오뚜기를 만들 수 없어!
> 태온: 주어진 모양으로 애벌레를 만들 수 없어!

(   )

서술형

11 하은이가 가지고 있는 모양으로 오른쪽과 같은 모양을 만들려면 ▲ 모양은 2개가 부족하고 ● 모양은 1개가 남습니다. 하은이가 가지고 있는 ■, ▲, ● 모양은 각각 몇 개씩인지 풀이 과정을 쓰고 답을 구하시오.

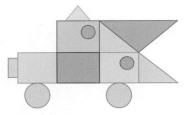

■, ▲, ● 모양에 각각 다른 표시를 하여 각 모양의 개수를 먼저 세어 봅니다.

풀이

답

12 오른쪽은 서아가 놀이터에 온 시각입니다. 지안이는 서아보다 긴바늘이 한 바퀴 돈 후에 놀이터에 왔고, 하준이는 지안이보다 긴바늘이 두 바퀴 반 돈 후에 놀이터에 왔습니다. 하준이가 놀이터에 온 시각을 구하시오.

(   )

▶ 서아, 지안, 하준이가 온 시각을 차례대로 구해 봅니다.

13 오른쪽 그림에서 찾을 수 있는 크고 작은 ■ 모양과 ▲ 모양은 각각 몇 개인지 구하시오.

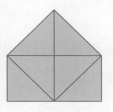

■ 모양 (   ), ▲ 모양 (   )

14 오른쪽 그림은 크기가 같은 ■ 모양 3개와 ▲ 모양 2개를 이어 붙여 만든 모양입니다. 어떻게 이어 붙인 것인지 점선으로 나타내어 보시오.

▶ 여러 가지 방법으로 점선을 그어 ■ 모양 3개와 ▲ 모양 2개를 만들어 봅니다.

3

모
양
과
시
각

15 우리나라의 시각과 태국의 시각은 일정한 차이가 있습니다. 그림은 현재 우리나라와 태국의 오전 시각을 나타낸 것입니다. 우리나라의 시계가 짧은바늘은 3과 4의 가운데, 긴바늘은 6을 가리킬 때, 태국의 시각을 구하시오.

 우리나라의 시각과 태국의 시각 사이의 규칙을 찾아 봅니다.

우리나라   태국

(   )

16 성냥개비 15개를 사용하여 그림과 같이 늘어놓으려고 합니다. ▲ 모양은 몇 개 만들어집니까?

 ▲ 모양이 1개씩 늘어날 때마다 성냥개비는 몇 개씩 더 놓이는지 생각해 봅니다.

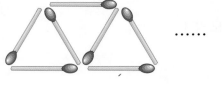 ······

(   )

17 이동도서관은 오전 10시부터 오후 5시까지 운영을 합니다. 다음은 아이들이 오후에 이동도서관에 도착한 시각입니다. 이동도서관을 이용한 아이들은 몇 명입니까?

 각자 도착한 시각을 먼저 구해 봅니다.

〈정우〉   〈유나〉   〈승현〉   〈채은〉   〈윤아〉

(   )

STEP A 최상위실력완성

01 오른쪽 그림을 점선을 따라 잘랐습니다. 잘라서 나온 모양 을 이어 붙여 만들 수 <u>없는</u> 모양을 찾아 기호를 쓰시오.

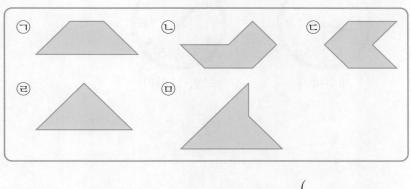

( )

02 다음과 같이 일정한 규칙으로 여러 가지 모양을 늘어놓았습니다. 22번째 놓이는 모양은 뾰족한 부분이 몇 군데입니까?

( )

03 오른쪽은 거울에 비친 시계입니다. 시계가 나타내 는 시각에서 시계의 긴바늘이 3바퀴 반 돌았을 때 의 시각을 구하시오.

( )

3. 모양과 시각 | **067**

04 정우가 오전에 한 일입니다. 가장 늦게 한 일의 시각은 가장 먼저 한 일의 시각에서 시계의 긴바늘이 몇 바퀴 더 돈 후입니까?

놀이터에서 놀기　　　세수하기　　　그림 그리기

(　　　　　　　　)

05 은성이는 아침 8시에 집에서 나갔다가 오후 5시에 집에 돌아왔습니다. 은성이가 나갔다 온 사이 시계의 긴바늘은 몇 바퀴를 돌았는지 구하시오.

(　　　　　　　　)

06 그림과 같이 색종이를 3번 접은 후 점선을 따라 가위로 잘랐습니다. 어떤 모양이 몇 개 만들어집니까?

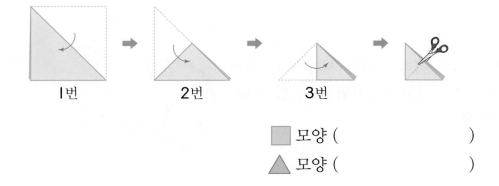

|번　　　　　2번　　　　　3번

■ 모양 (　　　　　　　)

▲ 모양 (　　　　　　　)

덧셈과 뺄셈(2)

4

이 단원에서
완성할 내용

4. 덧셈과 뺄셈(2)

+ 개념

1 덧셈

⑴ 앞의 수를 10으로 만들어 더하기

• 8＋5의 계산

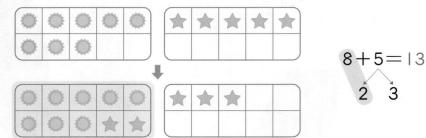

➡ 8이 10이 되도록 5를 2와 3으로 가릅니다.

⑵ 뒤의 수를 10으로 만들어 더하기

• 4＋7의 계산

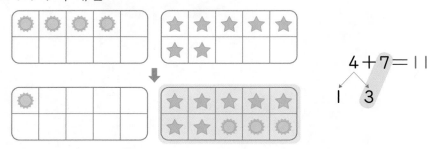

➡ 7이 10이 되도록 4를 1과 3으로 가릅니다.

2 여러 가지 덧셈하기

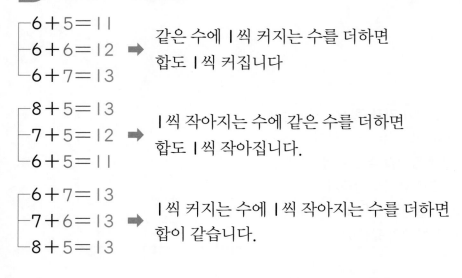

$$\begin{array}{l} 6+5=11 \\ 6+6=12 \\ 6+7=13 \end{array}$$ ➡ 같은 수에 1씩 커지는 수를 더하면 합도 1씩 커집니다

$$\begin{array}{l} 8+5=13 \\ 7+5=12 \\ 6+5=11 \end{array}$$ ➡ 1씩 작아지는 수에 같은 수를 더하면 합도 1씩 작아집니다.

$$\begin{array}{l} 6+7=13 \\ 7+6=13 \\ 8+5=13 \end{array}$$ ➡ 1씩 커지는 수에 1씩 작아지는 수를 더하면 합이 같습니다.

● 두 수의 순서를 바꾸어 더해도 합이 같습니다.

$6+7=13$

$7+6=13$

개념 1 덧셈

01 □ 안에 알맞은 수를 써넣으시오.

(1)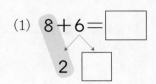

$8+6=$ ☐

2 ☐

(2) $5+9=$ ☐

4 ☐

개념 1 덧셈

02 합이 같은 것끼리 선을 이어 보시오.

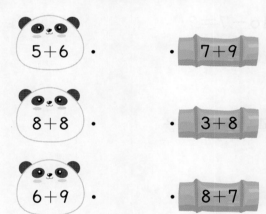

5+6 •   • 7+9

8+8 •   • 3+8

6+9 •   • 8+7

개념 1 덧셈

03 □ 안에 알맞은 수를 써넣으시오.

$8 + 6 = $ ☐

5 ☐   5 ☐

개념 1 덧셈

04 계산 결과가 가장 큰 것을 찾아 기호를 쓰시오.

ㄱ 3+9   ㄴ 9+4   ㄷ 7+8

( )

개념 2 여러 가지 덧셈하기

05 빈칸에 알맞은 수를 써넣으시오.

5+6	5+7	5+8
11	12	13
6+6	6+7	6+8
12		
7+6	7+7	7+8
13		

개념 1 덧셈

06 놀이터에 어린이 6명이 있었습니다. 잠시 후 7명이 더 왔습니다. 놀이터에 있는 어린이는 모두 몇 명입니까?

( )

3 뺄셈

(1) 뒤의 수를 가르기 하여 빼기

· 12 − 5의 계산

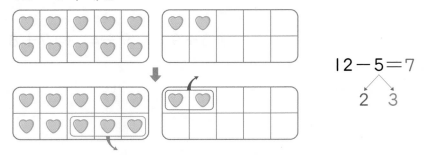

$$12 - 5 = 7$$
$$2 \quad 3$$

➡ 12에서 2를 빼고 남은 10에서 3을 빼면 7이 됩니다.

(2) 앞의 수를 가르기 하여 빼기

· 16 − 7의 계산

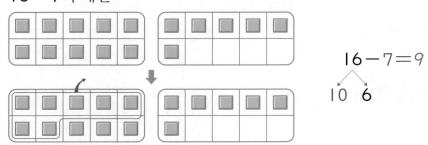

$$16 - 7 = 9$$
$$10 \quad 6$$

➡ 16을 10과 6으로 가르기 하여 10에서 7을 빼고 남은 3에 6을 더하면 9가 됩니다.

4 여러 가지 뺄셈하기

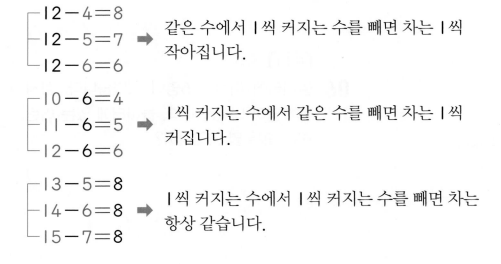

$$\begin{cases} 12 - 4 = 8 \\ 12 - 5 = 7 \\ 12 - 6 = 6 \end{cases}$$ ➡ 같은 수에서 1씩 커지는 수를 빼면 차는 1씩 작아집니다.

$$\begin{cases} 10 - 6 = 4 \\ 11 - 6 = 5 \\ 12 - 6 = 6 \end{cases}$$ ➡ 1씩 커지는 수에서 같은 수를 빼면 차는 1씩 커집니다.

$$\begin{cases} 13 - 5 = 8 \\ 14 - 6 = 8 \\ 15 - 7 = 8 \end{cases}$$ ➡ 1씩 커지는 수에서 1씩 커지는 수를 빼면 차는 항상 같습니다.

+ 개념

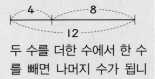

⊕ 덧셈식은 뺄셈식으로 고칠 수 있습니다.
$$4 + 8 = 12$$
➡ $$\begin{cases} 12 - 4 = 8 \\ 12 - 8 = 4 \end{cases}$$

두 수를 더한 수에서 한 수를 빼면 나머지 수가 됩니다.

개념 3 뺄셈

07 □ 안에 알맞은 수를 써넣으시오.

(1) $16-7=$□

□ ↗↖ 1

(2) $14-8=$□

10 □

개념 3 뺄셈

08 ○ 안에 >, =, <를 알맞게 써넣으시오.

13−8 ○ 16−9

개념 4 여러 가지 뺄셈하기

09 □ 안에 알맞은 수를 써넣고, 알맞은 말에 ○표 하시오.

$16-8=$□

$15-8=$□

$14-8=$□

➡ 1씩 작아지는 수에서 같은 수를 빼면 차는 1씩 (작아집니다 , 커집니다).

개념 3 뺄셈

10 계산 결과가 다른 하나를 찾아 기호를 쓰시오.

┌─────────────────────────┐
│ ㉠ 11−3   ㉡ 15−7   ㉢ 12−7 │
└─────────────────────────┘

(   )

개념 4 여러 가지 뺄셈하기

11 두 수의 차를 구하여 표를 완성하고 차가 8인 칸에 모두 색칠하시오.

13−6 7	14−6	15−6
13−7	14−7	15−7
13−8	14−8	15−8 7

개념 3 뺄셈

12 태영이는 구슬을 17개 가지고 있고, 예지는 태영이보다 8개 적게 가지고 있습니다. 예지가 가지고 있는 구슬은 몇 개입니까?

(   )

유형 1 계산 결과가 가장 큰(작은) 것 찾기

계산 결과가 가장 큰 것을 찾아 기호를 쓰시오.

$$\bigcirc\ 7+6 \qquad \bigcirc\ 9+9 \qquad \bigcirc\ 15-7 \qquad \textcircled{e}\ 14-8$$

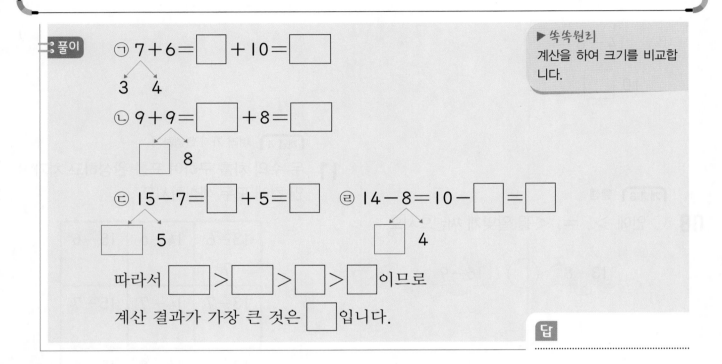

▶ 쏙쏙원리
계산을 하여 크기를 비교합니다.

풀이

$\bigcirc\ 7+6=\boxed{}+10=\boxed{}$
     3   4

$\bigcirc\ 9+9=\boxed{}+8=\boxed{}$
     $\boxed{}$ 8

$\bigcirc\ 15-7=\boxed{}+5=\boxed{}$ $\textcircled{e}\ 14-8=10-\boxed{}=\boxed{}$
     5   4

따라서 $\boxed{}>\boxed{}>\boxed{}>\boxed{}$ 이므로

계산 결과가 가장 큰 것은 $\boxed{}$ 입니다.

답

1-1 계산 결과가 가장 작은 것을 찾아 기호를 쓰시오.

$$\bigcirc\ 5+6 \qquad \bigcirc\ 12-9 \qquad \bigcirc\ 18-9 \qquad \textcircled{e}\ 7+7$$

(   )

1-2 계산 결과가 큰 것부터 차례대로 기호를 쓰시오.

$$\bigcirc\ 4+7 \qquad \bigcirc\ 11-8 \qquad \bigcirc\ 17-8 \qquad \textcircled{e}\ 5+9$$

(   )

유형 2 모양이 나타내는 수 구하기

같은 모양은 같은 수를 나타냅니다. ♥에 알맞은 수를 구하시오.

$$■ + 4 = 13$$
$$♥ - ■ = 5$$

풀이

$■ + 4 = 13$에서 $■ = 13 - \boxed{} = \boxed{}$

$♥ - ■ = 5$에서 $♥ - \boxed{} = 5$이므로

$♥ = 5 + \boxed{} = \boxed{}$

▶ 쏙쏙원리
■를 먼저 구하고 ♥가 나타내는 수를 구합니다.

답

2-1 같은 모양은 같은 수를 나타냅니다. ●에 알맞은 수를 구하시오.

$$2 + ▲ = 10$$
$$● - ▲ = 6$$

(   )

2-2 같은 모양은 같은 수를 나타냅니다. ▲에 알맞은 수를 구하시오.

$$★ + ★ = 12$$
$$▲ - ★ = 7$$

(   )

2-3 같은 모양은 같은 수를 나타냅니다. ◆에 알맞은 수를 구하시오.

$$13 - 7 = ◉$$
$$6 + ◉ = ▲$$
$$17 - ▲ = ◆$$

(   )

유형 3 □ 안에 들어갈 수 있는 수 구하기

■에 들어갈 수 있는 수 중에서 가장 큰 수를 구하시오.

$$5+8>■$$

풀이 왼쪽 식을 계산하면 $5+8=\boxed{}$

$\boxed{}$ 보다 작은 수는 $12,~11,~10\cdots\cdots$이고 이 중에서 가장 큰 수는 $\boxed{}$ 입니다.

▶ 쏙쏙원리
왼쪽 식 $5+8$을 먼저 계산합니다.

답

3-1 □ 안에 들어갈 수 있는 수 중에서 가장 작은 수를 구하시오.

$$\boxed{}>17-8$$

(   )

3-2 □ 안에 들어갈 수 있는 수 중에서 가장 큰 수를 구하시오.

$$14-6>\boxed{}+3$$

(   )

3-3 1부터 9까지의 수 중에서 □ 안에 들어갈 수 있는 수를 모두 구하시오.

$$10-4>13-\boxed{}$$

(   )

유형4 수 카드로 뺄셈식 만들기

4장의 수 카드 중에서 3장을 골라 뺄셈식을 만들어 보시오.

12 9 2 11

풀이 2장의 수 카드의 합이 주어진 수 카드 중에 있는지 찾아 봅니다.

▶**쏙쏙원리**
덧셈식을 만든 다음 뺄셈식으로 고쳐 봅니다.

9 , 2 , 11 로 덧셈식을 만들 수 있습니다.

➡ 9+ ⬜ = ⬜

9+2=11을 뺄셈식으로 고칩니다.

➡ ⬜ −9=2 또는 11− ⬜ =9

답

4-1 4장의 수 카드 중에서 3장을 골라 뺄셈식을 만들어 보시오.

5 13 8 14

⬜ − ⬜ = ⬜ 또는 ⬜ − ⬜ = ⬜

4-2 4장의 수 카드 중에서 3장을 골라 뺄셈식을 만들어 보시오.

15 7 9 16

⬜ − ⬜ = ⬜ 또는 ⬜ − ⬜ = ⬜

유형5 덧셈과 뺄셈의 활용(1)

소윤이는 농장에서 감자를 8개 캤고, 동생은 소윤이보다 5개 더 많이 캤습니다. 아빠는 동생보다 6개 더 적게 캤다면 아빠가 캔 감자는 몇 개입니까?

풀이

(동생이 캔 감자의 수)=(소윤이가 캔 감자의 수)+☐

$=8+5=$ ☐ (개)

(아빠가 캔 감자의 수)=(동생이 캔 감자의 수)－☐

$=13-$ ☐ $=$ ☐ (개)

▶ 쏙쏙원리
동생이 캔 감자의 수를 먼저 구합니다.

답

5-1 세 가지 색 풍선이 있습니다. 빨간색 풍선이 6개 있고, 파란색 풍선은 빨간색 풍선보다 5개 더 많이 있습니다. 또, 보라색 풍선은 파란색 풍선보다 7개 더 적게 있다면 보라색 풍선은 몇 개 있습니까?

( )

5-2 버스에 9명이 타고 있습니다. 이번 정류장에서 5명이 더 타고 8명이 내린다면 버스에 타고 있는 사람은 모두 몇 명이 됩니까?

( )

유형 6 **덧셈과 뺄셈의 활용(2)**

지훈이는 색연필 15자루와 볼펜 12자루를 가지고 있었습니다. 이 중에서 색연필 6자루와 볼펜 5자루를 친구에게 주었습니다. 색연필과 볼펜 중 어느 것이 더 많이 남았습니까?

풀이

(남은 색연필의 수)＝(처음 가지고 있던 색연필의 수)
－(친구에게 준 색연필의 수)
＝15－□＝□(자루)
(남은 볼펜의 수)＝(처음 가지고 있던 볼펜의 수)
－(친구에게 준 볼펜의 수)
＝12－□＝□(자루)
□＞□이므로 □이 더 많이 남았습니다.

▶**쏙쏙원리**
(남은 색연필의 수)
＝(처음 색연필의 수)
－(친구에게 준 색연필의 수)

4
덧셈과 뺄셈 (2)

답

6-1 대화를 보고 두 사람 중 누가 책을 몇 권 더 많이 읽었는지 구하시오.

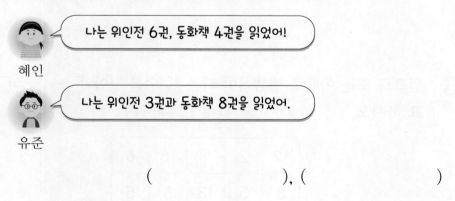

혜인 : 나는 위인전 6권, 동화책 4권을 읽었어!

유준 : 나는 위인전 3권과 동화책 8권을 읽었어.

(   ), (   )

6-2 젤리 13개와 초콜릿 11개가 있었습니다. 승주가 이 중에서 젤리 4개와 초콜릿 8개를 먹었습니다. 젤리와 초콜릿 중 어느 것이 몇 개 더 적게 남았습니까?

(   ), (   )

01 오렌지 주스 5병, 망고 주스 9병이 있습니다. 선물 상자에 주스 10병을 담으면 남는 주스는 몇 병입니까?

(   )

02 ■, ▲, ● 모양 중에서 같은 모양에 있는 두 수를 모았더니 16이 되었습니다. 어떤 모양을 모은 것입니까?

🚩 ■ 모양끼리, ▲ 모양끼리, ● 모양끼리 두 수를 더합니다.

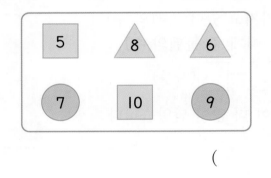

(   )

03 옆으로 또는 아래로 뺄셈식이 되는 세 수를 찾아 $\boxed{} - \boxed{} = \boxed{}$ 표 하시오.

12	2	7	16	6
3	5	13	8	5
9	1	11	8	3
15	7	8	2	10
3	5	14	5	9

04 어떤 수에서 7을 빼어야 할 것을 잘못하여 더했더니 16이 되었습니다. 바르게 계산한 값을 구하시오.

(   )

🚩 어떤 수를 □라 하여 잘못 계산한 식을 만듭니다.

05 7장의 수 카드 중에서 두 수의 합이 10이 되도록 2장씩 짝 지었을 때, 짝을 짓고 남은 수 카드의 수의 합은 얼마입니까?

| 1 | 3 | 5 | 7 | 6 | 8 | 9 |

(   )

🚩 두 수의 합이 10이 되는 경우를 생각해 봅니다.

06 복숭아 6개, 사과 3개, 자두 5개가 있었습니다. 규민이가 이 중에서 복숭아 1개, 자두 4개를 먹었습니다. 남은 과일은 몇 개입니까?

(   )

🚩 처음에 있던 과일의 수를 구하여 먹은 과일의 수를 뺍니다.

4

덧셈과 뺄셈 (2)

07 진우는 딱지를 11장 가지고 있고 예은이는 5장 가지고 있습니다. 진우와 예은이가 가진 딱지의 수가 같아지려면 진우는 예은이에게 몇 장을 주어야 합니까?

진우와 예은이가 가지고 있는 딱지 수의 합을 먼저 구합니다.

(   )

08 주머니에서 공 두 개를 꺼내 공에 적힌 두 수의 합이 더 큰 사람이 이기는 놀이를 합니다. 호진이가 이기려면 어떤 수가 적힌 공을 꺼내야 하는지 구하시오. (단, 꺼낸 공은 다시 주머니에 넣지 않습니다.)

수민이가 꺼낸 공의 수의 합을 먼저 구합니다.

(   )

09 1부터 9까지의 수 중에서 □ 안에 들어갈 수 있는 수들의 합을 구하시오.

$8 - \square$가 2보다 크다는 것을 이용합니다.

$$8 - \square + 2 > 4$$

(   )

10 민정, 은율, 태하가 호두과자를 먹었습니다. 민정이는 13개를 먹었고, 은율이는 민정이보다 6개 더 적게, 태하는 은율이보다 5개 더 많이 먹었습니다. 민정이와 태하 중 호두과자를 누가 몇 개 더 많이 먹었는지 풀이 과정을 쓰고 답을 구하시오.

┃풀이

┃답

▶ 은율이가 먹은 호두과자의 수를 먼저 구합니다.

11 □ 안에 알맞은 수가 가장 큰 것과 가장 작은 것의 차를 구하시오.

$$\boxed{㉠}+5=12 \qquad 17-\boxed{㉡}=9$$
$$\boxed{㉢}-9=5 \qquad 5+8=\boxed{㉣}$$

(   )

▶ 덧셈식과 뺄셈식의 관계를 이용하여 □의 값을 구합니다.

12 다람쥐는 도토리를 어제보다 더 많이 먹으려고 합니다. 오늘 저녁에 적어도 몇 개를 먹어야 하는지 구하시오.

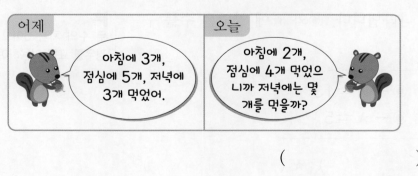

(   )

▶ 어제 먹은 도토리의 수를 먼저 구합니다.

13 ☁ 안의 수는 이웃하는 ☆ 안의 수를 더한 것입니다. ☆ 안에 4부터 8까지의 수가 한 번씩 들어갈 때, ☆ 안에 알맞은 수를 써넣으시오.

14 민지네 반과 한수네 반의 전체 학생 수와 안경을 쓴 학생 수를 각각 나타낸 것입니다. 안경을 쓴 학생이 민지네 반보다 한수네 반이 3명 더 많다면 두 반에서 안경을 쓰지 않는 학생은 모두 몇 명입니까?

한수네 반 학생들 중 안경을 쓴 학생 수를 먼저 구합니다.

	민지네 반	한수네 반
전체 학생 수	15명	17명
안경을 쓴 학생 수	6명	

(   )

15 같은 모양은 같은 수를 나타냅니다. ◉와 ★에 알맞은 수를 구하시오.

두 수의 차가 5이고 합이 13인 경우를 표를 이용하여 찾습니다.

$$◉ + ★ = 13$$
$$◉ - ★ = 5$$

◉ (   ), ★ (   )

STEP A 최상위실력완성

01 1, 2, 6, 8, 9의 5개의 수를 모두 놓아 같은 줄에 있는 세 수의 합이 16이 되도록 하였습니다. ㉠에 놓은 숫자는 얼마입니까?

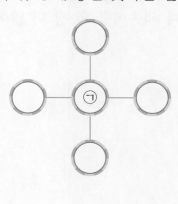

(   )

02 성은이는 가지고 있던 사탕의 반을 동생에게 주고, 그 나머지의 반을 언니에게 주었더니 3개가 남았습니다. 처음 성은이가 가지고 있던 사탕은 몇 개입니까?

(   )

03 같은 모양은 같은 수를 나타냅니다. ▲는 ■보다 얼마만큼 더 큽니까?

$$● + ● + ● = 15$$
$$▲ - ● - ● = 3$$
$$● + ▲ - ■ = 9$$

(   )

04 유주, 기태, 세준이가 색종이를 몇 장씩 가지고 있었습니다. 유주는 기태에게 색종이 6장을 주고 세준이에게 3장을 주었습니다. 또, 세준이가 기태에게 2장을 주었더니 세 사람이 가진 색종이의 수가 모두 같았습니다. 처음에 유주는 기태보다 색종이를 몇 장 더 많이 가지고 있었습니까?

(   )

05 성욱, 고은, 세윤, 종석 네 사람이 가위바위보를 하며 계단을 오르고 있습니다. 다음 대화를 보고 성욱이와 세윤이는 몇 계단 떨어져 있는지 구하시오.

> 성욱: 나는 고은이보다 9계단 위에 있어.
> 고은: 나는 종석이보다 5계단 아래에 있어.
> 세윤: 나는 종석이보다 8계단 아래에 있어.

(   )

규칙 찾기

5

이 단원에서
완성할 내용

5. 규칙 찾기

1 규칙 찾기

(1) 모양이 반복되는 규칙

➡ ♥, ◆가 반복됩니다.

(2) 색깔이 반복되는 규칙

➡ ♥, ♥, ♥가 반복됩니다.

2 규칙 만들기

(1) 두 가지 색으로 규칙 만들기

➡ 보라색, 초록색이 반복되는 규칙을 만들었습니다.

(2) 두 가지 물건으로 규칙 만들기

➡ 컵, 컵, 접시가 반복되는 규칙을 만들었습니다.

(3) 규칙을 만들어 무늬 꾸미기

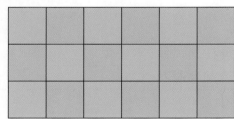

➡ 첫째 줄은 하늘색과 분홍색, 둘째 줄은 분홍색과 하늘색, 셋째 줄은 하늘색과 분홍색이 반복되는 규칙을 만들어 무늬를 꾸몄습니다.

+ 개념

◉ 규칙을 찾을 때에는 반복되는 부분을 알아봅니다.

◉ 규칙을 크기, 색깔, 위치, 순서에 따라 여러 가지로 만들 수 있습니다.

개념 1 규칙 찾기

01 규칙에 따라 빈칸에 알맞은 그림을 그려 보시오.

개념 1 규칙 찾기

02 규칙에 따라 사과와 키위를 접시에 담고 있습니다. 빈 접시에 담길 과일은 무엇입니까?

( )

개념 2 규칙 만들기

03 수박, 포도가 반복되는 규칙을 바르게 만든 사람에 ○표 하시오.

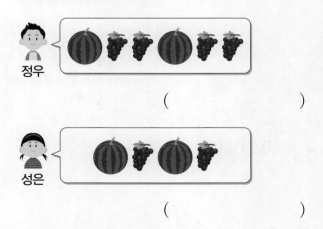

정우

( )

성은

( )

개념 2 규칙 만들기

04 장갑(🧤), 양말(🧦)이 반복되는 규칙으로 물건을 그려 보시오.

개념 2 규칙 만들기

05 규칙에 따라 빈칸을 색칠해 보시오.

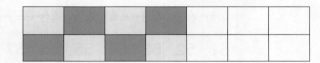

개념 2 규칙 만들기

06 규칙에 따라 빈칸을 채워 무늬를 완성하시오.

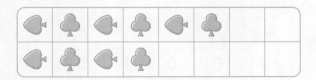

3 수 배열에서 규칙 찾기

(1) 수가 반복되는 규칙 찾기

➡ 3, 5, 5가 반복되는 규칙입니다.

(2) 수의 크기가 변하는 규칙 찾기

➡ 2부터 시작하여 2씩 커집니다.

4 수 배열표에서 규칙 찾기

21	22	23	24	25	26	27	28	29	30
31	32	33	34	35	36	37	38	39	40
41	42	43	44	45	46	47	48	49	50
51	52	53	54	55	56	57	58	59	60
61	62	63	64	65	66	67	68	69	70

① ……에 있는 수는 41부터 시작하여 → 방향으로 1씩 커지는 규칙입니다.

② ……에 있는 수는 28부터 시작하여 ↓ 방향으로 10씩 커지는 규칙입니다.

5 규칙을 여러 가지 방법으로 나타내기

모양	△	△	○	△	△	○	△	△	○
수	0	0	1	0	0	1	0	0	1

└ 반복되는 부분

① 주먹, 주먹, 보가 반복됩니다.

② 주먹을 △, 보를 ○라 하여 나타내면 △, △, ○, △, △, ○, △, △, ○입니다.

③ 주먹을 0, 보를 1이라 하여 나타내면 0, 0, 1, 0, 0, 1, 0, 0, 1입니다.

+ 개념

⊕ 수 배열에는 수가 반복되는 규칙, 수가 커지는 규칙, 수가 작아지는 규칙이 있습니다.

⊕ 규칙을 수, 색깔, 몸짓 등의 여러 가지 방법으로 나타낼 수 있습니다.

개념 3 수 배열에서 규칙 찾기

07 규칙에 따라 빈 곳에 알맞은 수를 써넣으시오.

70 65 60 55

개념 4 수 배열표에서 규칙 찾기

[08~09] 수 배열표를 보고 물음에 답하시오.

51	52	53	54	55	56	57	58	59	60
61	62	63	64	65	66	67	68	69	70
71	72	73	74	75	76	77	78	79	80
81	82	83	84	85	86	87	88	89	90

08 수 배열표에서 ······에 있는 수는 71부터 시작하여 몇씩 커지는 규칙입니까?

(   )

09 색칠한 수에 있는 규칙을 말해 보시오.

_____

개념 3 수 배열에서 규칙 찾기

10 영서가 정한 규칙에 따라 빈칸에 알맞은 수를 써넣으시오.

영서   37부터 시작하여 10씩 커지는 규칙이야.

37

개념 5 규칙을 여러 가지 방법으로 나타내기

11 규칙에 따라 빈칸에 알맞은 모양을 그려 보시오.

⬡	🌭	🌭	⬡	🌭	⬡	🌭	🌭
◇	○	○					

개념 5 규칙을 여러 가지 방법으로 나타내기

12 규칙에 따라 빈칸에 알맞은 수를 써넣으시오.

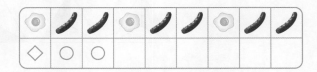

2	7	7	2				

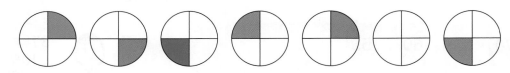

STEP C 교과서유형완성

유형 1 규칙에 따라 색칠하기

규칙에 따라 알맞게 색칠해 보시오.

풀이 시계 방향 ㉠ → ☐ → ㉢ → ㉡으로 한 칸씩

돌아가며 색칠되는 규칙이므로 색칠해야 하는

칸은 ☐ 입니다.

파란색, 빨간색, 초록색이 반복되는 규칙이므로 색깔은 ☐ 입니다.

▶ 쏙쏙원리
색칠된 칸과 색깔이 반복되는 규칙을 찾아봅니다.

1-1 규칙에 따라 알맞게 색칠해 보시오.

1-2 규칙에 따라 알맞은 칸에 색칠해 보시오.

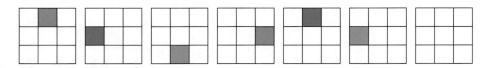

유형 2 규칙에 따라 모양과 색깔 찾기

규칙에 따라 빈칸에 알맞은 그림을 그려 보시오.

풀이

모양은 ★, ⬤, ⬤ 가 반복되므로 빈칸에 알맞은

모양은 ☐ 입니다.

노란색, 빨간색이 반복되므로 빈칸에 알맞은 색깔은 ☐ 입니다.

▶ 쏙쏙원리
모양과 색깔이 반복되는 규칙을 찾습니다.

5
규 칙 찾 기

2-1 규칙에 따라 빈칸에 알맞은 그림을 그려 보시오.

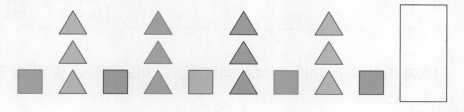

2-2 규칙에 따라 빈칸에 알맞은 그림을 그려 보시오.

유형3 무늬에서 규칙 찾기

규칙에 따라 무늬를 완성했을 때, ■는 모두 몇 개인지 구하시오.

■	▲	●	●	■	▲	●	●	■	▲	●
	■	▲		■	▲	●	●	■	▲	
		■	▲	●	●			●	●	

풀이
첫째 줄은 ■, ▲, ●, ●가 반복됩니다.
둘째 줄은 ●, ■, ▲, ●가 반복됩니다.
셋째 줄은 ●, ●, ■, ▲가 반복됩니다.
따라서 규칙에 따라 무늬를 완성하면 ■는 모두 [ ]개 입니다.

▶쏙쏙원리
각 줄의 규칙을 찾아봅니다.

답

3-1 규칙에 따라 주황색과 노란색을 색칠했을 때 어느 색깔을 몇 칸 더 많이 색칠하였는지 구하시오.

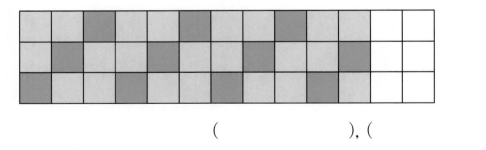

(   ), (   )

3-2 규칙에 따라 구름과 무지개가 그려진 벽지의 일부분이 찢어졌습니다. 찢어진 부분에 있던 구름은 모두 몇 개입니까?

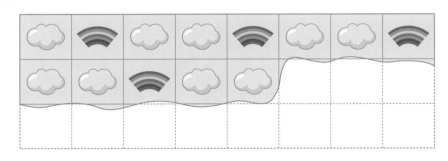

(   )

유형 4 규칙을 찾아 시각 나타내기

규칙에 맞도록 ㉠에 알맞은 시각을 나타내시오.

풀이

디지털시계와 아날로그시계가 번갈아 나오고, 각 시각은
8시, [   ], 9시, [   ], 10시, [   ] 이
므로 30분씩 시간이 늘어납니다. 따라서 ㉠에 알맞은 시
각은 [   ] 보다 30분 늘어난 [   ] 입니다.

▶ **쏙쏙원리**
디지털시계와 아날로그시계
가 번갈아 나타내는 시각을
알아봅니다.

5

규 칙 찾 기

4 - 1 규칙에 맞도록 마지막 시계에 알맞은 시각을 나타내시오.

4 - 2 규칙에 맞도록 마지막 시계에 알맞은 시각을 나타내시오.

유형5 수 배열에서 규칙 찾기

21부터 |보기|와 같은 규칙으로 수를 배열한 것입니다. ㉠에 알맞은 수를 구하시오.

|보기|
13 − 22 − 31 − 40 − 49 − 58

21 ☐ ☐ ☐ ☐ ㉠

풀이 |보기|는 ☐ 씩 커지는 규칙이므로 21에서 차례로 ☐ 씩 큰 수를 알아봅니다.

➡ 21 − ☐ − ☐ − ☐ − ☐ − ☐

따라서 ㉠에 알맞은 수는 ☐ 입니다.

▶쏙쏙원리
보기에 있는 수들이 몇씩 커지는지 알아봅니다.

답

5-1 규칙을 찾아 ㉠에 알맞은 수를 써넣으시오.

㉠ ☐ 60 ☐ 68

(   )

5-2 89부터 |보기|와 같은 규칙으로 수를 배열한 것입니다. ㉠에 알맞은 수를 구하시오.

|보기|
68 − 56 − 44 − 32 − 20

89 − ☐ − ☐ − ☐ − ㉠

(   )

유형6 **수의 규칙 찾기**

규칙에 따라 수를 배열하였습니다. 10번째에 놓이는 수를 구하시오.

| 20 | 18 | 19 | 17 | 18 | 16 | 17 | …… |

풀이 수가 번갈아가며 ▢씩 작아지고 ▢씩 커지는 규칙입니다.

20—18—19—17—18—16—17—▢—▢—▢

따라서 10번째에 놓이는 수는 ▢입니다.

▶쏙쏙원리
수가 몇씩 커지고 작아지는지 알아봅니다.

답

5
규칙 찾기

6-1 규칙에 따라 수를 배열하였습니다. 8번째에 놓이는 수를 구하시오.

| 21 | 22 | 25 | 26 | 29 | …… |

( )

6-2 규칙에 따라 수를 배열하였습니다. 14번째에 놓이는 수를 구하시오.

| 8 | 9 | 11 | 14 | 18 | 23 | …… |

( )

유형7 수 배열표에서 ●에 알맞은 수 구하기

수 배열표의 일부분입니다. 규칙에 따라 ●에 알맞은 수를 구하시오.

35	37	39
45	47	
		●

풀이

→ 방향으로 2씩 커지므로 ㉠은 47보다 2 큰 수인 ☐이고, ㉡은 ☐보다 2 큰 수인 ☐입니다. ↓ 방향으로 10씩 커지므로 ●는 ☐보다 10 큰 수인 ☐입니다.

35	37	39	
45	47	㉠	㉡
			●

▶ 쏙쏙원리
수 배열표에서 →, ↓ 방향의 수의 규칙을 찾습니다.

답

7-1 수 배열표의 일부분입니다. 규칙에 따라 ★에 알맞은 수를 구하시오.

35		37	38	39	
42	43				
			★		

(   )

7-2 수 배열표의 일부분입니다. 규칙에 따라 ♥와 ▲에 알맞은 수를 각각 구하시오.

0	31	32	33	34	
				42	
		♥		50	
			▲		

♥ (   ), ▲ (   )

유형 8 **바둑돌의 규칙 찾기**

다음과 같은 규칙으로 바둑돌을 모두 17개 늘어놓았습니다. 흰색 바둑돌과 검은색 바둑돌 중 어느 것이 몇 개 더 많은지 구하시오.

풀이 ○ ● ●이 반복되는 규칙이므로 17개 늘어놓으면

○ ● ● ○ ● ● ○ ● ● ○ ● ● ○ ● ● ○ ●

입니다.

흰색 바둑돌은 ☐ 개, 검은색 바둑돌은 ☐ 개이므로

☐ 바둑돌이 ☐ 개 더 많습니다.

▶ 쏙쏙원리
규칙을 찾아 흰색과 검은색 바둑돌의 수를 각각 구합니다.

답

8-1 다음과 같은 규칙으로 바둑돌을 모두 25개 늘어놓았습니다. 검은색 바둑돌과 흰색 바둑돌 중 어느 것이 몇 개 더 적은지 구하시오.

( ), ( )

8-2 다음과 같은 규칙으로 바둑돌을 놓았습니다. 8번째에 놓일 바둑돌은 몇 개입니까?

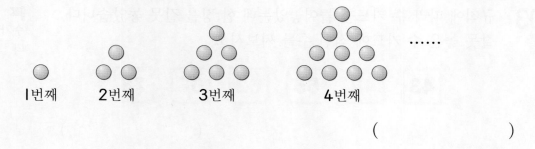

1번째   2번째   3번째   4번째

( )

01 □ 안에 들어갈 모양과 같은 모양의 물건은 모두 몇 개입니까?

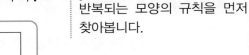
반복되는 모양의 규칙을 먼저 찾아봅니다.

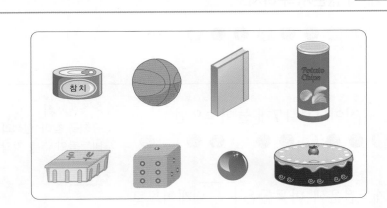

(   )

02 규칙에 따라 알맞게 색칠하시오.

색이 칠해지는 칸의 규칙을 찾아봅니다.

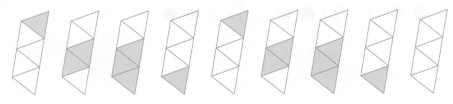

03 규칙에 따라 수 카드를 늘어놓았는데 한 장을 잘못 놓았습니다. 잘못 놓은 수 카드에 적힌 수를 써보시오.

수가 몇씩 커지는지 구해 봅니다.

43 49 **55** 62 67 73

(   )

04 규칙에 따라 색칠해 보시오.

30	31	32	33	34	35	36	37	38	39
40	41	42	43	44	45	46	47	48	49
50	51	52	53	54	55	56	57	58	59

05 규칙에 따라 시각을 나타낸 것입니다. 5번째에 올 시각은 몇 시 몇 분입니까?

🚩 시각을 차례대로 나타내어 규칙을 찾아봅니다.

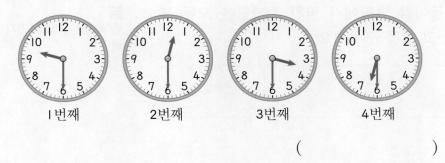

1번째   2번째   3번째   4번째

(   )

06 규칙에 맞게 빈칸에 알맞은 모양을 그려 보시오.

🚩 모양, 크기, 색깔의 규칙을 모두 생각해 봅니다.

07 수 배열표를 보고 색칠한 수에 있는 규칙에 따라 빈칸에 알맞은 수를 써넣으시오.

각 수들이 몇씩 커지는지 구해 봅니다.

30	31	32	33	34	35	36
37	38	39	40	41	42	43
44	45	46	47	48	49	50
51	52	53	54	55	56	57
58	59	60	61	62	63	64

43 □ □ □ □ □ □

서술형

08 규칙에 따라 빈칸에 들어갈 그림에서 펼친 손가락은 모두 몇 개인지 풀이 과정을 쓰고 답을 구하시오.

반복되는 규칙을 먼저 찾아봅니다.

풀이

답

---

09 규칙에 따라 수를 배열하였습니다. 12번째에 놓이는 수를 구하시오.

번갈아가며 몇씩 줄어드는지 구해 봅니다.

78   76   70   68   62   60   ……

(   )

10 규칙에 따라 꾸민 벽지의 일부분이 찢어졌습니다. 찢어진 부분에 고래, 문어, 게 중 가장 많은 것은 무엇입니까?

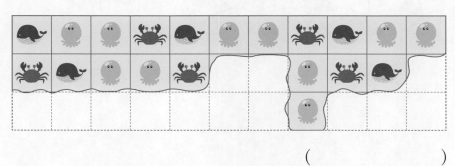

반복되는 그림의 규칙을 찾아봅니다.

(   )

11 규칙에 따라 다음과 같이 바둑돌을 놓았습니다. 8번째에 놓일 바둑돌은 몇 개인지 구하시오.

바둑돌이 몇 개씩 늘어나는지 구해 봅니다.

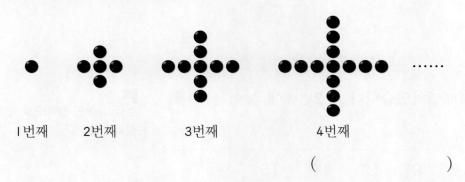

Ⅰ번째   2번째   3번째   4번째   ……

(   )

12 규칙에 따라 빈 곳에 알맞은 수를 써넣으시오.

화살표의 종류에 따라 변하는 크기를 찾아봅니다.

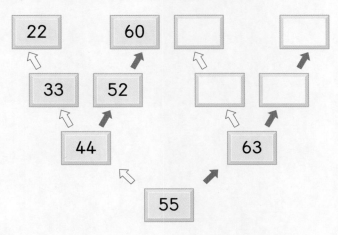

13 규칙에 알맞게 색칠해 보시오.

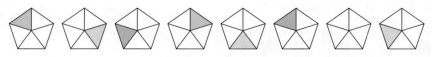

색칠된 칸과 색깔의 규칙을 찾아
봅니다.

창의 융합

14 규칙을 정하여 수를 배열하였습니다. 12번째에 놓이는 수를
구하시오.

(   )

수들이 어떤 방식으로 변하는지
생각해 봅니다.

최상위실력완성

01 규칙에 따라 10번째에 알맞게 색칠해 보시오.

1	2	3	4
8	7	6	5
9	10	11	12
16	15	14	13

1번째

1	2	3	4
8	7	6	5
9	10	11	12
16	15	14	13

2번째

1	2	3	4
8	7	6	5
9	10	11	12
16	15	14	13

3번째

1	2	3	4
8	7	6	5
9	10	11	12
16	15	14	13

4번째

1	2	3	4
8	7	6	5
9	10	11	12
16	15	14	13

5번째

1	2	3	4
8	7	6	5
9	10	11	12
16	15	14	13

6번째

1	2	3	4
8	7	6	5
9	10	11	12
16	15	14	13

7번째

......

1	2	3	4
8	7	6	5
9	10	11	12
16	15	14	13

10번째

02 다음과 같이 규칙에 따라 수를 늘어놓았습니다. 8번째에 놓이는 수를 구하시오.

3	5	8	13	21	34	......

(   )

03 왼쪽 그림과 같은 규칙으로 수를 나열할 때, ☺에 알맞은 수는 얼마 입니까?

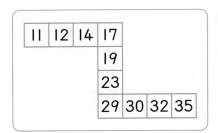

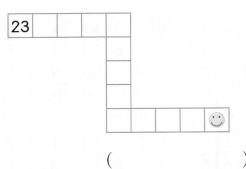

( )

04 규칙에 따라 모양을 67번째까지 늘어놓을 때, ♡ 모양은 몇 개 놓 이는지 구하시오.

( )

덧셈과 뺄셈(3)

6

이 단원에서
완성할 내용

6. 덧셈과 뺄셈(3)

+ 개념

1 덧셈하기

• 23 + 4의 계산

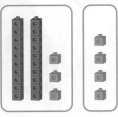

$$
\begin{array}{r}
2\ 3 \\
+\quad 4 \\
\hline
7
\end{array}
\quad\Rightarrow\quad
\begin{array}{r}
2\ 3 \\
+\ \downarrow\ 4 \\
\hline
2\ 7
\end{array}
$$

낱개끼리
더합니다.

2는 그대로
내려 씁니다.

• 33 + 15의 계산

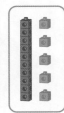

$$
\begin{array}{r}
3\ 3 \\
+\ 1\ 5 \\
\hline
8
\end{array}
\quad\Rightarrow\quad
\begin{array}{r}
3\ 3 \\
+\ 1\ 5 \\
\hline
4\ 8
\end{array}
$$

낱개끼리
더합니다.

10개씩 묶음의 수끼리
더합니다.

> 10개씩 묶음은 10개씩 묶음끼리, 낱개는 낱개끼리 더합니다.

2 뺄셈하기

• 24 − 2의 계산

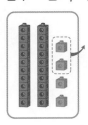

$$
\begin{array}{r}
2\ 4 \\
-\quad 2 \\
\hline
2
\end{array}
\quad\Rightarrow\quad
\begin{array}{r}
2\ 4 \\
-\ \downarrow\ 2 \\
\hline
2\ 2
\end{array}
$$

낱개끼리
뺍니다.

2는 그대로
내려 씁니다.

• 49 − 25의 계산

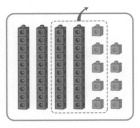

$$
\begin{array}{r}
4\ 9 \\
-\ 2\ 5 \\
\hline
4
\end{array}
\quad\Rightarrow\quad
\begin{array}{r}
4\ 9 \\
-\ 2\ 5 \\
\hline
2\ 4
\end{array}
$$

낱개끼리
뺍니다.

10개씩 묶음의 수끼리
뺍니다.

> 10개씩 묶음은 10개씩 묶음끼리, 낱개는 낱개끼리 뺍니다.

개념

○ (몇십) + (몇십)의 계산

예 30 + 40

$$
\begin{array}{r}
3\ 0 \\
+\ 4\ 0 \\
\hline
0
\end{array}
\quad\Rightarrow\quad
\begin{array}{r}
3\ 0 \\
+\ 4\ 0 \\
\hline
7\ 0
\end{array}
$$

0은 그대로
내려 씁니다.

10개씩 묶음의
수끼리 더합니다.

○ (몇십) − (몇십)의 계산

예 60 − 30

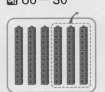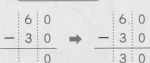

$$
\begin{array}{r}
6\ 0 \\
-\ 3\ 0 \\
\hline
0
\end{array}
\quad\Rightarrow\quad
\begin{array}{r}
6\ 0 \\
-\ 3\ 0 \\
\hline
3\ 0
\end{array}
$$

0은 그대로
내려 씁니다.

10개씩 묶음의
수끼리 뺍니다.

개념 1 덧셈하기

01 계산 결과가 더 큰 곳에 ○표 하시오.

```
    4 6
  +   3
```

```
      5
  + 3 2
```

(   )   (   )

개념 2 뺄셈하기

04 뺄셈을 하시오.

(1)
```
    5 6
  -   4
```

(2)
```
    7 9
  -   6
```

개념 1 덧셈하기

02 합이 같은 것끼리 선으로 이어 보시오.

30＋40 ·   · 40＋40

20＋60 ·   · 10＋60

개념 2 뺄셈하기

05 다음 중 바르게 계산한 것에 ○표 하시오.

```
    4 5
  -   3
  ─────
    1 5
```

```
    8 0
  - 5 0
  ─────
    3 0
```

(   )   (   )

개념 1 덧셈하기

03 덧셈을 하시오.

(1)
```
    2 5
  + 4 2
```

(2) 53＋26 ＝ ☐

개념 2 뺄셈하기

06 어항 속에 거피가 36마리, 체리새우가 11 마리 있습니다. 거피는 체리새우보다 몇 마리 더 있습니까?

(   )

3 그림을 보고 덧셈식과 뺄셈식 만들기

+ 개념

자동차 36대

오토바이 23대

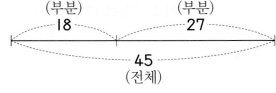

(1) 덧셈하기: 🚗와 🏍는 모두 36 + 23 = 59(대)입니다.

(2) 뺄셈하기: 🚗는 🏍보다 36 - 23 = 13(대) 더 많습니다.

○ 두 수를 서로 바꾸어 더해
도 합은 같습니다.
$$23 + 11 = 34$$
$$11 + 23 = 34$$

4 여러 가지 덧셈과 뺄셈하기

(1) 더해지는 수가 그대로이고 더하는 수가 10씩 커지면 합도 10씩 커
집니다.
$$17 + 10 = 27$$
$$17 + 20 = 37$$
$$17 + 30 = 47$$

(2) 빼지는 수가 그대로이고 빼는 수가 10씩 커지면 차는 10씩 작아집
니다.
$$83 - 10 = 73$$
$$83 - 20 = 63$$
$$83 - 30 = 53$$

5 덧셈과 뺄셈의 관계

전체와 부분을 나타내는 세 수로 네 가지 식을 만들 수 있습니다.

(부분)   (부분)
  18   27

45
(전체)

(1) 덧셈식
$$18 + 27 = 45$$
$$27 + 18 = 45$$

(2) 뺄셈식
$$45 - 18 = 27$$
$$45 - 27 = 18$$

개념 3 그림을 보고 덧셈식과 뺄셈식 만들기

[07~08] 화단에 심어져 있는 꽃을 보고 물음에 답하시오.

빨간색 꽃

노란색 꽃

주황색 꽃

보라색 꽃

07 빨간색 꽃과 보라색 꽃은 모두 몇 송이입니까?

식 _____

답 _____

08 노란색 꽃은 주황색 꽃보다 몇 송이 더 많습니까?

식 _____

답 _____

개념 4 여러 가지 덧셈과 뺄셈하기

09 덧셈과 뺄셈을 해보시오.

(1) 27 + 11 = ☐

27 + 21 = ☐

27 + 31 = ☐

(2) 54 − 20 = ☐

54 − 21 = ☐

54 − 22 = ☐

개념 5 덧셈과 뺄셈의 관계

10 주어진 수를 한 번씩 사용하여 덧셈식과 뺄셈식을 만들어 보시오.

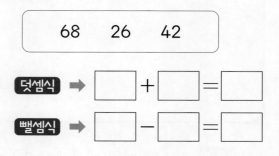

68   26   42

덧셈식 → ☐ + ☐ = ☐

뺄셈식 → ☐ − ☐ = ☐

개념 5 덧셈과 뺄셈의 관계

[11~12] 수영장에 남자 어린이 36명, 여자 어린이 31명이 있습니다. 물음에 답하시오.

11 남자 어린이와 여자 어린이는 모두 몇 명인지 덧셈식을 쓰고, 답을 구하시오.

식 _____

답 _____

12 남자 어린이는 여자 어린이보다 몇 명이 더 많은지 뺄셈식을 쓰고, 답을 구하시오.

식 _____

답 _____

6
덧셈과 뺄셈 (3)

유형1 계산식에서 모르는 수 구하기

㉠과 ㉡에 알맞은 수를 구하시오.

$$
\begin{array}{r}
3\ 2 \\
+\ ㉠\ 6 \\
\hline
7\ ㉡
\end{array}
$$

풀이 낱개끼리 계산에서 $2+6=㉡$이므로 $㉡=\boxed{}$입니다.

10개씩 묶음끼리 계산에서 $3+㉠=7$이고 3과 더해서 7이 되는 수는 $\boxed{}$이므로 $㉠=\boxed{}$입니다.

▶ 쏙쏙원리
낱개끼리 먼저 계산하고 10개씩 묶음끼리 계산합니다.

답

1-1 ㉠과 ㉡에 알맞은 수를 구하시오.

$$
\begin{array}{r}
㉠\ 2 \\
+\ 5\ 1 \\
\hline
8\ ㉡
\end{array}
$$

㉠ (   ), ㉡ (   )

1-2 ㉠과 ㉡에 알맞은 수를 구하시오.

$$
\begin{array}{r}
㉠\ 7 \\
-\ 3\ 4 \\
\hline
3\ ㉡
\end{array}
$$

㉠ (   ), ㉡ (   )

유형2 □ 안에 들어갈 수 있는 수 구하기

0부터 9까지의 수 중에서 ■ 안에 들어갈 수 있는 수를 모두 구하시오.

$$75 - 1 > 7■$$

풀이 왼쪽 식을 계산하면 $75 - 1 = \boxed{}$

$\boxed{} > 7■$에서 ■ 안에 들어갈 수 있는 수는

$\boxed{}, \boxed{}, \boxed{}, \boxed{}$입니다.

▶ 쏙쏙원리
■가 없는 식을 먼저 계산합니다.

답

2-1 0부터 9까지의 수 중에서 □ 안에 들어갈 수 있는 수를 모두 구하시오.

$$42 + 5 < 4\square$$

( )

2-2 1부터 9까지의 수 중에서 □ 안에 들어갈 수 있는 수는 모두 몇 개인지 구하시오.

$$\square 5 > 76 - 2$$

( )

2-3 □ 안에 들어갈 수 있는 수 중에서 가장 큰 수를 구하시오.

$$\square < 33 + 11$$

( )

유형3 처음 수 구하기

은우는 구슬 몇 개를 가지고 있었는데 이 중에서 14개를 친구에게 주었더니 32개가 남았습니다. 은우가 처음에 가지고 있던 구슬은 몇 개입니까?

풀이 은우가 처음 가지고 있던 구슬을 ■●개라고 하면

■● − 14 = ☐ 입니다.

● − 4 = ☐ 이므로 ● = ☐

■ − 1 = ☐ 이므로 ■ = ☐

따라서 은우가 처음에 가지고 있던 구슬은 ☐ 개입니다.

▶ 쏙쏙원리
10개씩 묶음의 수와 낱개의 수를 각각 계산합니다.

답

3-1 미주와 주영이가 캔 고구마는 모두 85개입니다. 미주가 캔 고구마는 34개일 때, 주영이가 캔 고구마는 몇 개인지 구하시오.

(   )

3-2 이슬이와 보미는 같은 장수씩 색종이를 나누어 가졌습니다. 이슬이는 23장의 색종이를 사용했더니 45장이 남았습니다. 보미는 36장의 색종이를 사용했다면 보미에게 남은 색종이는 몇 장인지 구하시오.

(   )

유형 4 바르게 계산한 값 구하기

어떤 수에 33을 더해야 할 것을 잘못하여 뺐더니 12가 되었습니다. 바르게 계산한
값을 구하시오.

풀이 어떤 수를 ▲라 하여 잘못 계산한 식을 만들면

▲ − 33 = 12입니다.

12 + 33 = ▲, ▲ = ☐ 입니다.

따라서 어떤 수가 ☐ 이므로 바르게 계산하면

☐ + 33 = ☐ 입니다.

▶쏙쏙원리
어떤 수를 ▲라 하여 잘못
계산한 식을 만듭니다.

답

4-1 어떤 수에서 23을 빼야 할 것을 잘못하여 더했더니 66이 되었습니다. 바르게 계산한
값을 구하시오.

(   )

4-2 어떤 수에 34를 더해야 할 것을 잘못하여 뺐더니 111이 되었습니다. 바르게 계산한
값을 구하시오.

(   )

4-3 어떤 수에서 41을 빼야 할 것을 잘못하여 더했더니 89가 되었습니다. 바르게 계산한
값을 구하시오.

(   )

6
덧셈과 뺄셈
(3)

유형 5 수 카드로 만든 수의 합, 차 구하기

수 카드를 한 번씩만 사용하여 몇십몇을 만들려고 합니다. 만들 수 있는 수 중에서 가장 큰 수와 가장 작은 수의 합을 구하시오.

5   3   7   2

풀이 수 카드의 수의 크기를 비교하면 7 > ☐ > 3 > ☐ 입니다.

➡ 만들 수 있는 가장 큰 몇십몇: ☐

만들 수 있는 가장 작은 몇십몇: ☐

(두 수의 합) = ☐ + ☐ = ☐

▶ 쏙쏙원리
㉠ > ㉡ > ㉢ > ㉣이고 ㉣은 0이 아닐 때
➡ 가장 큰 몇십몇: ㉠㉡
가장 작은 몇십몇: ㉣㉢

답

5-1 수 카드를 한 번씩만 사용하여 몇십몇을 만들려고 합니다. 만들 수 있는 수 중에서 가장 큰 수와 가장 작은 수의 차를 구하시오.

2   0   4   7

(   )

5-2 수 카드를 한 번씩만 사용하여 10개씩 묶음의 수가 3인 몇십몇을 만들려고 합니다. 만들 수 있는 수 중에서 가장 큰 수와 가장 작은 수의 합을 구하시오.

5   7   3   1   4

(   )

유형6 모양이 나타내는 수 구하기

같은 모양은 같은 수를 나타냅니다. ■에 알맞은 수를 구하시오.

$$30 + 20 = \blacktriangle$$
$$\blacktriangle + \blacksquare = 67$$

풀이

$$30 + 20 = \blacktriangle \Rightarrow \blacktriangle = \boxed{}$$

$$\blacktriangle + \blacksquare = 67 \text{이므로} \boxed{} + \blacksquare = 67$$

$$\Rightarrow 67 - \boxed{} = \blacksquare \text{이므로} \blacksquare = \boxed{}$$

▶ 쏙쏙원리

$$\blacksquare + \bullet = \blacktriangle$$
$$\blacktriangle - \blacksquare = \bullet \quad (\blacktriangle - \bullet = \blacksquare)$$

답

6-1 같은 모양은 같은 수를 나타냅니다. ■에 알맞은 수를 구하시오.

$$75 - 42 = \bullet$$
$$\bullet - \blacksquare = 20$$

(   )

6-2 같은 모양은 같은 수를 나타냅니다. ♥에 알맞은 수를 구하시오.

$$42 + 15 = \blacklozenge$$
$$\heartsuit - \blacklozenge = 12$$

(   )

6-3 같은 모양은 같은 수를 나타냅니다. ▲ + ■의 값을 구하시오.

$$38 - \blacksquare = 26$$
$$\blacktriangle - \blacksquare = 51$$

(   )

유형7 덧셈과 뺄셈 활용하기

래오와 하윤이는 곤충을 관찰했습니다. 누가 더 많은 곤충을 관찰했는지 구하시오.

나는 오늘 잠자리 12마리와 개미 20마리를 관찰했어.

래오

나는 오늘 매미 18마리와 나비 21마리를 관찰했어.

하윤

풀이 래오가 관찰한 곤충은 12+20=□ (마리)이고,

하윤이가 관찰한 곤충은 18+21=□ (마리)입니다.

따라서 □ > □ 이므로 □ 이가 더 많이 관찰했습니다.

▶쏙쏙원리
래오와 하윤이가 관찰한 곤충의 마릿수를 각각 구합니다.

답

7-1 두 대의 케이블카가 운행 중입니다. 1호와 2호 중 어느 케이블카에 몇 명이 더 많이 타고 있는지 구하시오.

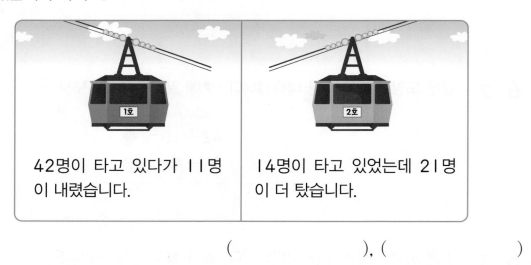

42명이 타고 있다가 11명이 내렸습니다.

14명이 타고 있었는데 21명이 더 탔습니다.

( ), ( )

01 같은 모양은 같은 수를 나타냅니다. ●에 알맞은 수를 구하시 오.

$$41 + 15 = \blacklozenge$$
$$\blacklozenge - 33 = \blacktriangle$$
$$\bullet + \blacktriangle = 77$$

( )

◆의 수를 구한 다음 ▲의 수를 구합니다.

02 계산 결과가 가장 작은 것의 기호를 쓰시오.

ㄱ 67 − 36 ㄴ 32 + 15
ㄷ 58 − 16 ㄹ 18 + 21

( )

ㄱ, ㄴ, ㄷ, ㄹ을 각각 계산한 후 크기를 비교합니다.

03 세진이가 문구점 놀이를 합니다. 다음과 같이 가격을 정했다면 공책과 색연필을 더한 값은 농구공과 인형을 더한 값보다 얼마 나 더 적습니까?

54원   14원   43원   30원

( )

04 □ 안에 들어갈 수 있는 수는 모두 몇 개입니까?

$$\boxed{} < 50 + 20$$
$$\boxed{} > 68 - 2$$

(   )

50 + 20, 68 − 2를 먼저 계산합니다.

05 주아와 태호가 나무토막 쌓기를 하였습니다. 주아는 31개, 태호는 53개를 쌓았습니다. 두 사람이 쌓은 나무토막의 수가 같아지려면 태호는 주아에게 몇 개의 나무토막을 주어야 합니까?

(   )

전체 나무토막의 수를 먼저 구합니다.

06 4장의 수 카드를 모두 사용하여 다음 식을 완성하시오.

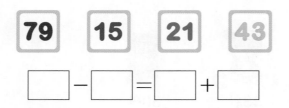

$$\boxed{} - \boxed{} = \boxed{} + \boxed{}$$

10개씩 묶음의 수 중 두 수의 합과 차가 같은 경우를 찾습니다.

07 〈 〉 안에 적힌 두 수의 합은 서로 같습니다. ㉠에 알맞은 수를 구하시오.

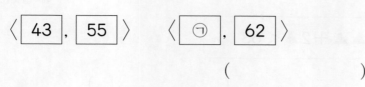

(   )

43과 55의 합은 ㉠과 62의 합과 같습니다.

08 주차장에 자동차가 15대 세워져 있었습니다. 23대의 자동차가 새로 들어오고 14대가 나갔다면 주차장에 남아있는 자동차는 모두 몇 대입니까?

(   )

새로 들어온 자동차의 수는 더하고, 나간 자동차의 수는 뺍니다.

6

덧셈과 뺄셈 (3)

09 몇십몇인 두 수가 있습니다. 이 중 큰 수의 낱개의 수는 5이고, 작은 수의 10개씩 묶음의 수는 2입니다. 두 수의 합이 89일 때, 두 수의 차를 구하시오.

(   )

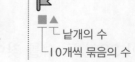
낱개의 수
10개씩 묶음의 수

10 ▲는 같은 수를 나타냅니다. 1부터 9까지의 수 중 ▲가 될 수 있는 수는 모두 몇 개입니까?

$$▲▲ + 2▲ < 63$$

( )

🚩 10개씩 묶음의 수를 비교하여 ▲에 알맞은 수를 넣어 봅니다.

서술형

11 시연이는 별사탕 8개를 먹고 유주에게 별사탕 5개를 주었습니다. 유주가 별사탕 11개를 먹었더니 두 사람 모두 25개의 별사탕이 남았습니다. 처음 시연이와 유주가 갖고 있던 별사탕은 각각 몇 개였는지 풀이 과정을 쓰고 답을 구하시오.

🚩 거꾸로 생각하여 두 사람이 처음 갖고 있던 별사탕의 수를 구합니다.

▌**풀이**

▌**답**

12 합이 39인 두 수를 찾아 두 수의 차를 구하시오.

| 35 | 26 | 14 | 13 | 61 |

( )

🚩 낱개의 수의 합이 9인 경우를 찾습니다.

13 수호는 위인전을 76쪽 읽었고, 정민이는 수호보다 32쪽 더 적게 읽었다고 합니다. 정민이가 위인전을 다 읽으려면 앞으로 42쪽 남았습니다. 정민이가 읽고 있는 위인전은 모두 몇 쪽입니까?

정민이가 읽은 쪽수를 먼저 구합니다.

(   )

14 I부터 9까지의 수 중에서 □ 안에 들어갈 수 있는 수를 모두 구하시오.

왼쪽 식을 먼저 계산합니다.

$$21 + 53 < \boxed{}9 - 2$$

(   )

창의 융합

15 69를 연속하는 수 3개의 합으로 나타내려고 합니다. □ 안에 알맞은 수를 써넣으시오.

연속하는 수 3개는 □−I, □, □+I로 나타낼 수 있습니다.

$$69 = \boxed{} + \boxed{} + \boxed{}$$

6

덧셈과 뺄셈(3)

A급
노트

01 합이 85인 두 수와 차가 33인 두 수 중에서 공통된 수를 구하시오.

| 10 | 45 | 12 | 73 | 24 |

(   )

02 다음 식에서 같은 모양은 1부터 9까지의 수 중 같은 수를 나타냅니다. ■▲＋▲■의 값을 구하시오.

$$47 - ■ = 43 + ■, \ 50 + ▲ = 56 - ▲$$

(   )

03 ㉠, ㉡, ㉢, ㉣은 0부터 9까지의 수이고 서로 다른 수입니다. 만들 수 있는 식은 모두 몇 개입니까? (단, ㉡＞㉣이고, ㉢은 0이 아닙니다.)

| ㉠ | ㉡ | － | ㉢ | ㉣ | ＝75 |

(   )

04 규칙을 보고 빈 곳에 알맞은 수를 써넣으시오.

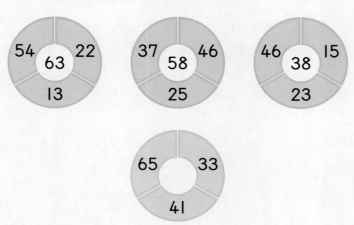

05 다음 중 연속하는 수 3개의 합으로 나타낼 수 <u>없는</u> 수를 찾아 기호를 쓰시오.

ㄱ 39   ㄴ 62   ㄷ 66   ㄹ 93

(   )

6

덧셈과 뺄셈 (3)

MEMO

MEMO

MEMO

바다를 보면 바다를 닮고
나무를 보면 나무를 닮고
모두 자신이 바라보는 걸 닮아갑니다.
우리는 지금 어디를 보고 있나요?

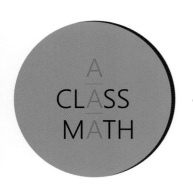

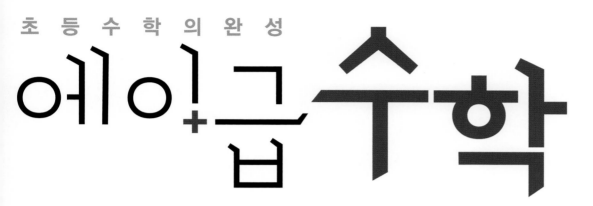

A-class Math
상 | 위 | 권 | 의 | 지 | 름 | 길

초 등 수 학 의 완 성

에이급수학

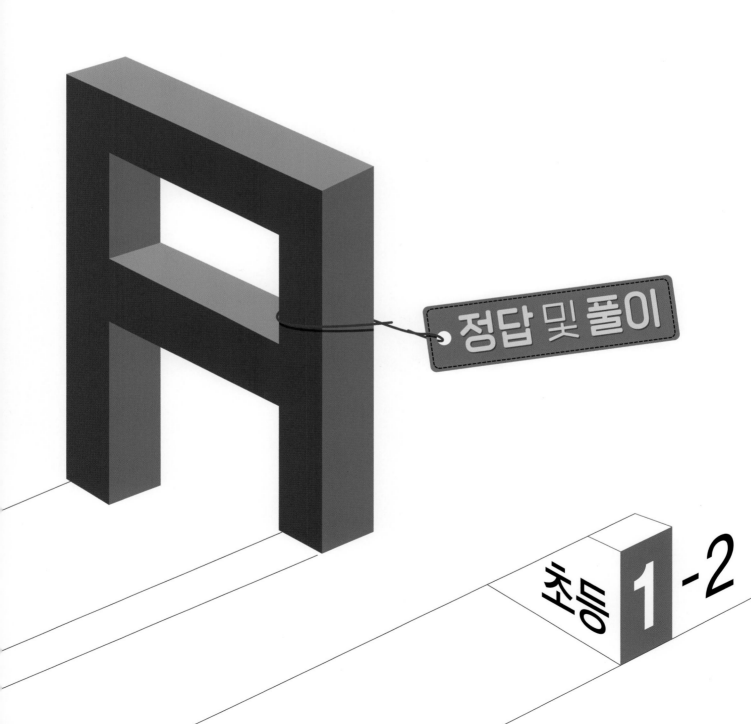

정답 및 풀이

초등 1-2

차례

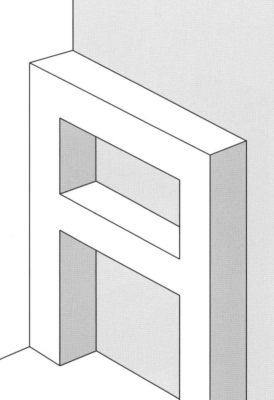

1. 100까지의 수

01 7, 일흔   **02** 8상자

03 (1) 7 (2) 9   **04** 육십이, 예순둘

05 (1) 70, 71, 73 (2) 81, 82, 85, 86

06 62   **07** 68에 ○표   **08** ㉡

09 86에 ○표, 79에 △표   **10** 정우

11 11   **12** 도윤, 영아

01 10개씩 묶음 7개를 70이라 하고 칠십 또는 일흔
이라고 읽습니다.

답 7, 일흔

02 80은 10개씩 묶음 8개입니다. 따라서 모두 8상자
입니다.

답 8상자

03 (1) 73은 10개씩 묶음 7개와 낱개 3개입니다.
(2) 59는 10개씩 묶음 5개와 낱개 9개입니다.

답 (1) 7 (2) 9

04 낱개 12개는 10개씩 묶음 1개와 낱개 2개와 같습
니다. 따라서 연결 큐브는 10개씩 묶음
5+1=6(개)와 낱개 2개와 같으므로 모두 62개
입니다.
62를 두 가지 방법으로 읽으면 육십이 또는 예순
둘입니다.

답 육십이, 예순둘

05 수의 순서에 맞게 빈칸에 알맞은 수를 써넣습니다.
(1) 68−69−70−71−72−73
(2) 81−82−83−84−85−86

답 (1) 70, 71, 73 (2) 81, 82, 85, 86

06 □보다 1 작은 수는 61이므로 □는 61보다 1 큰
수입니다.
61보다 1 큰 수는 62이므로 □ 안에 알맞은 수는
62입니다.

답 62

07 10개씩 묶음의 수가 7인 수는 79이고 76보다 큽

니다.
10개씩 묶음의 수가 7보다 작은 수는 68이므로
76보다 작은 수는 68입니다.

답 68에 ○표

08 ㉡ 10개씩 묶음의 수를 비교하면 8>7이므로
87>73입니다.

답 ㉡

09 10개씩 묶음의 수를 비교하면 83과 86이 79보다
큽니다. 83과 86의 낱개의 수를 비교하면 3<6
이므로 83<86입니다. 따라서 가장 큰 수는 86
이고 가장 작은 수는 79입니다.

답 86에 ○표, 79에 △표

10 10개씩 묶음의 수를 비교하면 61과 65가 56보다
큽니다. 61과 65의 낱개의 수를 비교하면 1<5
이므로 61<65입니다. 가장 큰 수는 65이므로
색종이를 가장 많이 가진 사람은 정우입니다.

답 정우

11 낱개의 수가 0, 2, 4, 6, 8인 수는 짝수이고 낱개
의 수가 1, 3, 5, 7, 9인 수는 홀수입니다.
따라서 홀수를 따라가며 선을 그으면 5, 13, 29,
27, 9, 11이므로 맨 마지막에 있는 수는 11입니
다.

답 11

12 낱개의 수가 0, 2, 4, 6, 8인 수는 짝수이고 낱개
의 수가 1, 3, 5, 7, 9인 수는 홀수입니다.
짝수: 28, 16 홀수: 31, 23
따라서 사탕의 수가 짝수인 사람은 도윤, 영아입니
다.

답 도윤, 영아

유형1 69, 68, 69, 70, 69 / 69

1-1 85

유형2 8, 5, 4, 5, 54 / 54개

2-1 45장　　　2-2 32개　　　2-3 63개

유형3 7, 3, 0, 1, 2 / 0, 1, 2

3-1 3개　　　　3-2 5

유형4 7, 71, 71, 74, 74, 71, 74, 서진 / 서진

4-1 윤서　　　4-2 영오, 미주, 주아

유형5 92, 92, 92, 91, 91, 90 / 90

5-1 69　　　　5-2 55　　　　5-3 79

유형6 6, 7, 8, 9, 3, 63, 74, 85, 96 / 63, 74,
85, 96

6-1 67, 68, 69　　　　　　6-2 2개

유형7 8, 3, 6, 36, 38, 63, 3 / 3개

7-1 75, 24　　　7-2 36

1-1 $87 \xrightarrow{10 \text{ 작은 수}} 77 \xrightarrow{1 \text{ 작은 수}} 76 \xrightarrow{10 \text{ 작은 수}} 66 \xrightarrow{1 \text{ 작은 수}} 65$
$\xrightarrow{1 \text{ 작은 수}} 64 \xrightarrow{10 \text{ 큰 수}} 74 \xrightarrow{1 \text{ 큰 수}} 75 \xrightarrow{10 \text{ 큰 수}} 85$
따라서 ㉠에 알맞은 수는 85입니다.

답 85

2-1 지후가 10장씩 묶음 3개를 미술 시간에 사용하
였으므로 남은 색종이는 10장씩 묶음
7－3＝4(개)와 낱장 5장입니다.
따라서 남은 색종이는 45장입니다.

답 45장

2-2 10개씩 묶음 2개와 낱개 7개를 팔았으므로
남은 오이는 10개씩 묶음 5－2＝3(개)와 낱개
9－7＝2(개)입니다.
따라서 남은 오이는 32개입니다.

답 32개

2-3 87개는 10개씩 묶음 8개와 낱개 7개입니다.
10개씩 묶음 2개와 낱개 4개를 삶았으므로
남은 달걀은 10개씩 묶음 8－2＝6(개)와 낱개
7－4＝3(개)입니다.
따라서 삶고 남은 달걀은 63개입니다.

답 63개

3-1 5□＞56에서 10개씩 묶음의 수가 5로 같으므
로 낱개의 수를 비교하면 □ 안에 들어갈 수 있는
숫자는 6보다 커야 합니다.
따라서 □ 안에 들어갈 수 있는 숫자는 7, 8, 9
의 3개입니다.

답 3개

3-2 34＜3□에서 10개씩 묶음의 수가 3으로 같으
므로 낱개의 수를 비교하면 4＜□입니다.
□ 안에 들어갈 수 있는 숫자는 5, 6, 7, 8, 9입
니다.
62＞□7에서 10개씩 묶음의 수를 비교하면
6＞□이므로 □ 안에 들어갈 수 있는 숫자는 5,
4, 3, 2, 1입니다. 낱개의 수를 비교하면 2＜7
이므로 □ 안에 6은 들어갈 수 없습니다.
따라서 □ 안에 공통으로 들어갈 수 있는 숫자는
5입니다.

답 5

4-1 ・지안: 10개씩 묶음 7개와 낱개 15개는 10개
씩 묶음 8개와 낱개 5개와 같으므로 딸기
를 85개 땄습니다.
・윤서: 10개씩 묶음 6개와 낱개 23개는 10개
씩 묶음 8개와 낱개 3개와 같으므로 딸기
를 83개 땄습니다.
➡ 85＞83이므로 윤서가 딸기를 더 적게 땄습
니다.

답 윤서

4-2 ・주아: 10장씩 묶음 5개와 낱장 6장이므로 칭
찬 스티커를 56장 모았습니다.
・영오: 10장씩 묶음 4개와 낱장 19장은 10장
씩 묶음 5개와 낱장 9장과 같으므로 칭찬
스티커를 59장 모았습니다.
・미주: 56보다 2 큰 수는 58이므로 칭찬 스티
커를 58장 모았습니다.
➡ 59＞58＞56이므로 칭찬 스티커를 많이 모
은 사람부터 차례대로 쓰면 영오, 미주, 주아
입니다.

답 영오, 미주, 주아

5-1 어떤 수보다 1 작은 수가 67이므로 어떤 수는
67보다 1 큰 수인 68입니다.
따라서 어떤 수 68보다 1 큰 수는 69입니다.

답 69

5-2 어떤 수보다 1 큰 수가 58이므로 어떤 수는 58보다 1 작은 수인 57입니다.

따라서 어떤 수 57보다 2 작은 수는 55입니다.

답 55

5-3 어떤 수보다 3 작은 수가 74이므로 어떤 수는 74보다 3 큰 수인 77입니다.

따라서 어떤 수 77보다 2 큰 수는 79입니다.

답 79

6-1 62보다 크고 75보다 작은 수는 63, 64, 65, 66, 67, 68, 69, 70, 71, 72, 73, 74입니다.

이 중에서 10개씩 묶음의 수가 낱개의 수보다 작은 것은 67, 68, 69입니다.

답 67, 68, 69

6-2 38보다 크고 71보다 작은 짝수는 40, 42, 44, 46, 48, 50, 52, 54, 56, 58, 60, 62, 64, 66, 68, 70입니다. 이 중에서 10개씩 묶음의 수와 낱개의 수가 같은 것은 44, 66의 2개입니다.

답 2개

7-1 수 카드의 수의 크기를 비교하면
7>5>4>2입니다.

가장 큰 수 7을 10개씩 묶음의 수로, 둘째로 큰 수 5를 낱개의 수로 하여 가장 큰 수를 만들면 75입니다.

가장 작은 수 2를 10개씩 묶음의 수로, 둘째로 작은 수 4를 낱개의 수로 하여 가장 작은 수를 만들면 24입니다.

답 75, 24

7-2 수 카드의 수의 크기를 비교하면 0<3<6<9이므로 가장 작은 수는 0, 둘째로 작은 수는 3입니다.

0은 10개씩 묶음의 수가 될 수 없으므로 둘째로 작은 수 3을 10개씩 묶음의 수로 하면 가장 작은 수는 30, 둘째로 작은 수는 36입니다.

답 36

---

01 7명	**02** 22개	**03** 6명	**04** 9개
05 60개	**06** 2개	**07** 주은	**08** 5
09 45, 63	**10** 6개	**11** 서우	**12** ⓒ, ⓒ, ㉠
13 15	**14** 37개	**15** 8권	

01 76은 10개씩 묶음 7개와 낱개 6개입니다. 따라서 수수깡을 한 사람에게 10개씩 나누어 주면 모두 7명에게 나누어 줄 수 있습니다.

답 7명

02 41은 10개씩 묶음 4개와 낱개 1개입니다.

10개씩 묶음 4개와 낱개 1개를 팔았으므로 남은 우유는 10개씩 묶음 6−4=2(개)와 낱개 3−1=2(개)입니다.

따라서 남은 우유는 22개입니다.

답 22개

03 예순다섯은 65, 일흔둘은 72이므로 65와 72 사이에 있는 수는 66, 67, 68, 69, 70, 71의 6개입니다.

따라서 예순다섯 번째와 일흔두 번째 사이에 서 있는 사람은 모두 6명입니다.

답 6명

04 낱개 21개는 10개씩 묶음 2개와 낱개 1개이므로 구슬 10개씩 묶음 7개와 낱개 21개는 구슬 10개씩 묶음 7+2=9(개)와 낱개 1개입니다.

따라서 낱개 1개로는 팔찌를 만들 수 없으므로 팔찌를 9개까지 만들 수 있습니다.

답 9개

05 20은 10개씩 묶음 2개이므로 3상자에 들어 있는 귤은 10개씩 묶음 2+2+2=6(개)입니다.

10개씩 묶음 6개는 60이므로 귤은 모두 60개입니다.

답 60개

06 54보다 크고 84보다 작은 수 중에서 낱개의 수가 4인 수는 64, 74입니다.

따라서 □ 안에 들어갈 수 있는 숫자는 6, 7의 2개입니다.

답 2개

07 • 주은: 10개씩 묶음 4개와 낱개 13개는 10개씩 묶음 5개와 낱개 3개와 같으므로 조개를 53개 캤습니다.

• 동생: 쉰다섯은 55이고 55보다 1 작은 수는 54이므로 조개를 54개 캤습니다.

따라서 53과 54 중 홀수는 53이므로 캔 조개의 수가 홀수인 사람은 주은입니다.

🖉 주은

08 여든셋은 83이고 83부터 수를 작은 순서대로 쓰면

$$\underbrace{83-82-81-80-79-78-77-76}_{7개}-75$$

이므로 ▲는 5입니다.

🖉 5

09 41보다 크고 67보다 작은 홀수는 43, 45, 47, 49, 51, 53, 55, 57, 59, 61, 63, 65입니다. 이 중에서 10개씩 묶음의 수와 낱개의 수의 합이 9인 수는 45, 63입니다.

🖉 45, 63

10 63-62-61-60-59-58에서 63보다 5 작은 수는 58입니다.

78-79-80-81-82-83-84에서 78보다 6 큰 수는 84입니다.

58과 84 사이에 있는 수는 59, 60, 61, 62……80, 81, 82, 83이고 이 중에서 10개씩 묶음의 수가 낱개의 수보다 작은 수는 59, 67, 68, 69, 78, 79의 6개입니다.

🖉 6개

11 10개씩 묶음의 수가 클수록 더 큰 수이고 10개씩 묶음의 수를 비교하면 9>8>6>5입니다.

10개씩 묶음의 수가 9인 수는 9□, 10개씩 묶음의 수가 8인 수는 8□, 80입니다. 줄넘기를 한 횟수가 모두 다르므로 10개씩 묶음의 수가 8인 수 중에서 80이 가장 작은 수입니다.

따라서 8□>80이므로 세 번째로 많이 한 학생은 서우입니다.

🖉 서우

12 ㉠ 67-68-69이므로 67과 69 사이의 수는 68입니다.

㉡ 여든넷은 84이므로 84-83-82-81-

80-79-78-77에서 84보다 7 작은 수는 77입니다.

㉢ 10개씩 묶음 6개와 낱개 14개는 10개씩 묶음 7개와 낱개 4개이므로 74입니다.

따라서 77>74>68이므로 큰 수부터 기호를 쓰면 ㉡, ㉢, ㉠입니다.

🖉 ㉡, ㉢, ㉠

13 🖉 ❶ 10개씩 묶음의 수가 작을수록 작은 수이고 0은 10개씩 묶음의 수가 될 수 없으므로 10개씩 묶음의 수는 1부터 시작합니다.

❷ 홀수를 만들려면 낱개의 수가 홀수여야 하고 1을 제외한 홀수는 3, 5입니다.

10개씩 묶음의 수가 같을 때 낱개의 수가 작을수록 작은 수이므로 두 번째로 작은 수 5가 낱개의 수여야 합니다.

❸ 따라서 만들 수 있는 두 번째로 작은 홀수는 15입니다.

🖉 15

채점기준	배점	
❶ 10개씩 묶음의 수 구하기	2점	
❷ 낱개의 수 구하기	2점	5점
❸ 두 번째로 작은 홀수 구하기	1점	

14 낱개 13개는 10개씩 묶음 1개와 낱개 3개와 같습니다. 낱개 3개에서 7개를 더 모으면 10개씩 묶음 1개가 되므로 10개씩 묶음 4+1+1=6(개)가 됩니다.

10개씩 묶음 6개에서 10개씩 묶음 9개가 되려면 10개씩 묶음 9-6=3(개)가 더 있어야 합니다.

따라서 10개씩 묶음 3개와 낱개 7개는 37이므로 화살 37개가 더 있어야 합니다.

🖉 37개

15 뒤에서 9번째는 앞에서 47번째입니다.

따라서 서하와 태민이가 빌린 책 사이에는 8권의 책이 꽂혀 있었습니다.

🖉 8권

01 15	02 26	03 20번	04 6
05 81개			
06 가=21, 나=31 / 가=31, 나=71 / 가=71,			
나=81 / 가=46, 나=56			

01 A급비법 10개씩 묶음의 수로 가능한 수와 낱개의 수로 가능한 수를 구합니다.

10개씩 묶음의 수가 5보다 작으므로 10개씩 묶음의 수는 1, 2, 3, 4 중 하나입니다. 낱개의 수는 4보다 크므로 낱개의 수는 5, 6, 7, 8, 9 중 하나입니다. 이 중에서 10개씩 묶음의 수와 낱개의 수의 합이 7보다 작은 수는 15입니다.

답 15

02 A급비법 10개씩 묶음의 수와 낱개의 수의 합이 8인 수를 구합니다.

■＋●＝8에서 10개씩 묶음의 수와 낱개의 수의 합이 8인 수이므로 17, 26, 35, 44, 53, 62, 71, 80입니다.

●－■＝4에서 낱개의 수가 10개씩 묶음의 수보다 4 큰 수이므로 ■●는 26입니다.

답 26

03 A급비법 숫자 7을 1번 쓴 수와 2번 쓴 수를 찾아봅니다.

숫자 7을 1번 쓴 수: 7, 17, 27, 37, 47, 57, 67, 70, 71, 72, 73, 74, 75, 76, 78, 79, 87, 97
숫자 7을 2번 쓴 수: 77
따라서 숫자 7은 모두 20번 써야 합니다.

답 20번

04 A급비법 ■가 25보다 크고, 25와 ■ 사이의 수가 3개이면 25－26－27－28－29에서 ■는 29입니다.

㉠은 85보다 작고 ㉠과 85 사이의 수는 모두 6개이므로
85－84－83－82－81－80－79－78에서 ㉠은 78입니다.

㉡은 66보다 크고 66과 ㉡ 사이의 수는 모두 5개이므로 66－67－68－69－70－71－72에서 ㉡은 72입니다.

따라서 72－73－74－75－76－77－78이

므로 ㉡은 ㉠보다 6 더 작습니다.

답 6

05 A급비법 단팥빵 5개씩 2개는 10개씩 1개와 같고, 낱개 10개는 10개씩 1개와 같습니다.

단팥빵 5개씩 7개는 10개씩 묶음 3개와 낱개 5개와 같고, 낱개 16개는 10개씩 묶음 1개와 낱개 6개와 같습니다.

낱개 5개와 낱개 6개를 합치면 낱개 11개이고, 낱개 11개는 10개씩 묶음 1개와 낱개 1개와 같습니다.

따라서 단팥빵은 10개씩 묶음
3＋3＋1＋1＝8(개)와 낱개 1개이므로 모두 81개입니다.

답 81개

06 A급비법 보이는 카드 3장 사이의 규칙을 먼저 알아보고, 보이지 않는 카드를 보이는 카드 사이에 놓고 규칙을 생각해 봅니다.

51, 61, 41의 크기를 비교하면 41＜51＜61이고 41, 51, 61은 10개씩 묶음의 수가 1씩 커지는 규칙이 있습니다. 41, 51, 61 사이에 **가**와 **나**를 놓고 뛰어 세기를 생각하면 다음과 같습니다.

㉠ 10씩 뛰어 세어 늘어놓는 방법
  21－31－41－51－61
  ➡ **가**＝21, **나**＝31
  31－41－51－61－71
  ➡ **가**＝31, **나**＝71
  41－51－61－71－81
  ➡ **가**＝71, **나**＝81

㉡ 5씩 뛰어 세어 늘어놓는 방법
  41－46－51－56－61
  ➡ **가**＝46, **나**＝56

답 가＝21, 나＝31 / 가＝31, 나＝71
/ 가＝71, 나＝81 / 가＝46, 나＝56

2. 덧셈과 뺄셈(1)

01 9	**02** 8개	**03** 4
04 ㉡	**05** 10개	**06** 6
07 5	**08** 4	**09** 수, 고
10 7	**11** 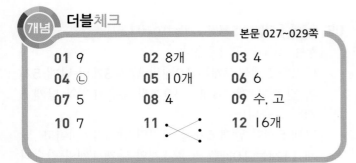	**12** 16개

01 $3+2+4=9$

＜도식＞ 5, 9

답 9

02 (세 명이 쌓은 블록의 수)＝$5+1+2=8$(개)

＜도식＞ 6, 8

답 8개

03 $8>3>1$에서 가장 큰 수는 8입니다.

$8-3-1=4$

＜도식＞ 5, 4

답 4

04 ㉠ $7-3-2=2$

＜도식＞ 4, 2

㉡ $9-2-4=3$

＜도식＞ 7, 3

$2<3$이므로 계산 결과가 큰 것은 ㉡입니다.

답 ㉡

05 사탕이 7개하고 3개를 더 샀으므로 7하고 8, 9, 10입니다. ➡ $7+3=10$(개)

답 10개

06 꽃과 잎을 하나씩 짝지으면 꽃 6개는 짝이 없습니다. ➡ $10-4=6$

답 6

07 더해서 10이 되는 두 수를 짝 지으면 (3, 7), (8, 2)이므로 짝 지을 수 없는 수는 5입니다.

답 5

08 $7+3=10$이므로 $\square+6=10$, $\square=4$입니다.

답 4

09 $10-4=6$ ➡ 수, $10-8=2$ ➡ 고

답 수, 고

10 $9+1+\square=17$에서 $10+\square=17$이므로

＜도식＞ 10

$\square=7$입니다.

답 7

11 $3+7+4=10+4$

＜도식＞ 10

$6+1+4=10+1$

＜도식＞ 10

답

12 (냉장고에 있는 과일)＝$7+6+3=16$(개)

＜도식＞ 10, 16

답 16개

자신을 믿어 봐요. 잘 할 수 있을 거에요.
'할 수 있다'라고 말하다 보면 결국 해내게 됩니다.
누구나 처음에는 걷지도 못했잖아요?
오늘도 힘내!!!

유형1   7, 3, 3, 3 / 3송이
1-1   4권   **1**-2   2자루
유형2   10, 10, 7, 7, 10, 7, 3, 3 / 3
2-1   7   **2**-2   1
유형3   8, 2, 4, 8, 2, 4 / 8, 2, 4
3-1   3, 7, 5   **3**-2   1, 9, 7
유형4   5, 5, 4, 4, 3, 2, 1, 3 / 3
4-1   4   **4**-2   6
유형5   3, 4, 3, 4, 4, 3 / 3+7+4=14,
4+7+3=14
5-1   4+5+6=15, 6+5+4=15
5-2   예 6+8=5+9
유형6   6, 6, 2, 2, 3, 3, ⓛ / ⓛ
6-1   ㉠   **6**-2   ㉢, ㉡, ㉠

1-1   태호가 읽은 위인전과 동화책은 모두
2+4=6(권)입니다. 6과 더해서 10이 되는 수
는 4입니다. 따라서 6+4=10이므로 만화책은
4권 읽었습니다.

                               답 4권

1-2   (연필의 수)+(색연필의 수)+(볼펜의 수)
    =2+3+3=5+3=8(자루)
8과 더해서 10이 되는 수는 2입니다.
따라서 8+2=10이므로 형광펜은 2자루입니
다.

                              답 2자루

2-1   똑같은 두 수를 더해서 10이 되는 수는 5이므로
■=5입니다.
10에서 빼서 8이 되는 수는 2이므로 ●=2입니
다.
따라서 ■+●=5+2=7입니다.

                               답 7

2-2   10에서 빼서 7이 되는 수는 3이므로
◆=3입니다.
◆+2=▲에서 3+2=5이므로
▲=5입니다.
▲-4=●에서 5-4=1이므로
●=1입니다.

                               답 1

3-1   더해서 10이 되는 두 수는 3과 7입니다.
합이 15가 되려면 10에 5를 더해야 하므로 합이
15가 되는 세 수는 3, 7, 5입니다.

                             답 3, 7, 5

3-2   더해서 10이 되는 두 수는 1과 9입니다.
합이 17이 되려면 10에 7을 더해야 하므로 합이
17이 되는 세 수는 1, 9, 7입니다.

                             답 1, 9, 7

4-1   8-2=6, 6-□=1을 만족하는 □를 구하면
□=5입니다.
6-□가 1보다 크려면 □ 안에는 5보다 작은
수가 들어가야 합니다.
따라서 □ 안에 들어갈 수 있는 수는 4, 3, 2, 1
이므로 이 중 가장 큰 수는 4입니다.

                              답 4

4-2   9-1=8, 8-□=3을 만족하는 □를 구하면
□=5입니다.
8-□가 3보다 작으려면 □ 안에는 5보다 크고
9보다 작은 수가 들어가야 합니다.
따라서 □ 안에 들어갈 수 있는 수는 6, 7, 8
이므로 이 중 가장 작은 수는 6입니다.

                              답 6

5-1   □+5+□=15이므로
□+□=10이 되어야 합니다.
수 카드에 적힌 두 수의 합이 10이 되어야 하므
로 4와 6이 적힌 수 카드를 골라야 합니다.
따라서 수 카드에 적힌 수를 □ 안에 하나씩 번갈
아 넣으면 만들 수 있는 덧셈식은
4+5+6=15, 6+5+4=15입니다.

             답 4+5+6=15, 6+5+4=15

5-2   수 카드의 수의 합은 6+8+5+9=28입니
다.
14+14=28이므로 두 수의 합이 14가 되게
묶습니다. ➡ 6과 8, 5와 9
합이 14가 되도록 식을 완성하면 6+8=5+9
입니다. (6과 8, 5와 9끼리의 순서는 바꿔도 됩
니다.)

                      답 예 6+8=5+9

6-1   ㉠ 10에서 빼서 5가 되는 수는 5이므로 □=5

ⓒ 9와 더해서 10이 되는 수는 1이므로 □=1
ⓒ 10에서 빼서 7이 되는 수는 3이므로 □=3
따라서 □ 안에 알맞은 수가 가장 큰 것은 ⓒ입니다.

달 ⓒ

6-2 ⓒ 8과 더해서 10이 되는 수는 2이므로 □=2
ⓒ 10에서 빼서 6이 되는 수는 4이므로 □=4
ⓒ 8−2=6, 6−□=1
6에서 빼서 1이 되는 수는 5이므로 □=5입니다.
따라서 5>4>2이므로 큰 것부터 차례로 기호를 쓰면 ⓒ, ⓒ, ⓒ입니다.

달 ⓒ, ⓒ, ⓒ

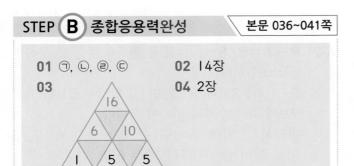

01 ⓒ, ⓒ, ⓒ, ⓒ   02 14장
03
04 2장

05 8장   06 19개
07 민재, 2점   08 하은, 지민, 아린
09 ⓒ, ⓒ, ⓒ   10 3개
11 6   12 19살   13 4조각   14 17쪽
15 +, +, −, − / ▲: 9, ■: 1   16 14

01 ⓒ □+7=10에서 10−7=□이므로 □=3
ⓒ 10−□=4에서 10−4=□이므로 □=6
ⓒ 2+□=10에서 10−2=□이므로 □=8
ⓒ 10−3=□, □=7
따라서 3<6<7<8이므로 작은 것부터 차례로 기호를 쓰면 ⓒ, ⓒ, ⓒ, ⓒ입니다.

달 ⓒ, ⓒ, ⓒ, ⓒ

02 (동생에게 주고 남은 빨간색 색종이의 수)
=10−7=3(장)
(동생에게 주고 남은 노란색 색종이의 수)
=10−3=7(장)
(동생에게 주고 남은 파란색 색종이의 수)
=10−6=4(장)

따라서 시은이에게 남은 색종이는 모두
3+7+4=14(장)입니다.

달 14장

03 3+7=10, 7+2=9, 10+9=19이므로 윗줄의 수는 아랫줄 두 수의 합입니다.

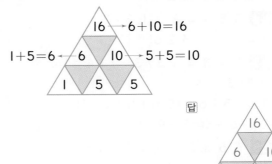

달

04 지율이가 모은 쿠폰은 5장, 유빈이가 모은 쿠폰은 3장이므로 두 사람이 모은 쿠폰은 5+3=8(장)입니다.
따라서 10−8=2이므로 두 사람이 쿠폰을 합쳐서 무료 피자 1판을 받으려면 쿠폰을 2장 더 모아야 합니다.

달 2장

다른풀이
10장에서 두 사람이 모은 쿠폰의 수를 빼면 되므로 10−5−3=5−3=2(장)을 더 모아야 합니다.

05 ⓔ ❶ (하윤이가 가지고 있는 스티커의 수)
=8+2=10(장)
❷ 두 사람이 가지고 있는 스티커의 수는 같으므로 해준이가 가지고 있는 스티커의 수도 10장입니다.
(해준이가 가지고 있는 하트 모양 스티커의 수)
=10−4=6(장)
❸ (두 사람이 가지고 있는 하트 모양 스티커의 수)
=6+2=8(장)

달 8장

채점기준	배점	
❶ 하윤이가 가지고 있는 스티커의 수 구하기	1점	
❷ 해준이가 가지고 있는 하트 모양 스티커의 수 구하기	2점	5점
❸ 두 사람이 가지고 있는 하트 모양 스티커의 수 구하기	2점	

06 (준서가 먹은 초밥의 수)=8+3=11(개)

따라서 기주와 준서가 먹은 초밥의 수는 모두
8+11=19(개)입니다.

답 19개

07 예 ❶ (시아의 점수)=7+5+3=15(점)

❷ (민재의 점수)=7+5+5=17(점)

❸ 따라서 17>15이므로 민재가 시아보다
17-15=2(점) 더 많이 얻었습니다.

답 민재, 2점

채점기준	배점	
❶ 시아의 점수 구하기	2점	
❷ 민재의 점수 구하기	2점	5점
❸ 누가 몇 점 더 많이 얻었는지 구하기	1점	

08 (지민이가 사용한 색종이의 수)=10-5=5(장)
(아린이가 사용한 색종이의 수)=10-7=3(장)
(하은이가 사용한 색종이의 수)=10-3=7(장)
따라서 7>5>3이므로 가장 많은 색종이를 사용
한 사람부터 차례대로 이름을 쓰면 하은, 지민, 아
린입니다.

답 하은, 지민, 아린

다른풀이

모두 똑같이 10장씩 가지고 있었으므로 적게 남았
을수록 많이 사용한 것입니다. 따라서 색종이가 적
게 남은 사람부터 차례대로 쓰면 하은, 지민, 아린
이므로 가장 많이 사용한 사람부터 차례대로 쓰면
하은, 지민, 아린입니다.

09 ㉠ 4+2+3=9   ㉡ 9-2-2=5

㉢ 4+2+6=12   ㉣ 10-1-5=4

㉤ 2+7+3=12   ㉥ 1+9+5=15

둘씩 짝을 지을 수 없는 수가 홀수이므로 ㉠, ㉡,
㉥입니다.

답 ㉠, ㉡, ㉥

10 (신우가 가지고 있는 장난감의 수)
=4+2+3=6+3=9(개)
신우가 친구에게 주고 남은 장난감의 수가 6개이
므로 신우가 친구에게 준 장난감은 9-6=3(개)
입니다.

답 3개

11 6+□+4=10+□이고 8+6=14이므로

10+□<14

10+□=14일 때 □=4이므로 □ 안에는 4보
다 작은 수인 1, 2, 3이 들어갈 수 있습니다.
따라서 1+2+3=6입니다.

답 6

12 (누나의 나이)=(도윤이의 나이)+3
=6+3=9(살)
(동생의 나이)=(누나의 나이)-5
=9-5=4(살)
(도윤, 누나, 동생의 나이의 합)
=(도윤이의 나이)+(누나의 나이)+(동생의 나이)
=6+9+4=19(살)

답 19살

13 소율이와 누나가 먹은 치킨은 10-3=7(조각)입
니다.

7	1	2	3	4	5	6
	6	5	4	3	2	1

따라서 7을 두 수로 가른 것 중에서 차가 1인 것은
3과 4이므로 소율이는 4조각, 누나는 3조각을 먹
었습니다.

답 4조각

14 첫째 날 4쪽 풀었으므로 둘째 날은 4+2=6(쪽)
풀었습니다.
첫째 날과 둘째 날 이틀 동안 4+6=10(쪽) 풀었
으므로 셋째 날에는 10-3=7(쪽) 풀었습니다.
따라서 수현이는 3일 동안 수학 문제집을
10+7=17(쪽) 풀었습니다.

답 17쪽

15 $5\bigcirc3\bigcirc1$과 $8\bigcirc2\bigcirc5$의 $\bigcirc$ 안에 $+$, $-$를 써넣어 나온 계산 결과를 모두 구하면 다음과 같습니다.

- $5+3+1=9$, $5-3+1=3$,
  $5+3-1=7$, $5-3-1=1$
- $8+2+5=15$, $8-2+5=11$,
  $8+2-5=5$, $8-2-5=1$

이 중에서 계산 결과의 합이 10되는 것은
$5+3+1=9$, $8-2-5=1$입니다.
따라서 $\blacktriangle=9$, $\blacksquare=1$입니다.

답 $+$, $+$, $-$, $-$ / $\blacktriangle$: 9, $\blacksquare$: 1

16 첫 번째 가로줄에서 $\bullet+\bigstar+\bullet=16$,
세 번째 세로줄에서 $\bullet+\bigstar=10$이므로
$10+\bullet=16$, $\bullet=16-10=6$이고,
$\bullet+\bigstar=10$에서 $\bullet=6$이므로
$6+\bigstar=10$, $\bigstar=10-6=4$입니다.
두 번째 가로줄에서
$\blacksquare+\blacksquare+\bigstar=8$, $\bigstar=4$이므로
$\blacksquare+\blacksquare+4=8$, $\blacksquare+\blacksquare=8-4=4$,
$\blacksquare=2$입니다.
➡ $\bullet=6$, $\bigstar=4$, $\blacksquare=2$
첫 번째 세로줄에서 $\bullet+\blacksquare=$ㄱ이므로
ㄱ$=6+2=8$이고
두 번째 세로줄에서 $\bigstar+\blacksquare=$ㄴ이므로
ㄴ$=4+2=6$입니다.
따라서 ㄱ$+$ㄴ$=8+6=14$입니다.

답 14

STEP Ⓐ 최상위실력완성　　본문 042~043쪽

01 20	**02** 4개	**03** 27	
04 규리: 3개, 진아: 2개, 민서: 5개		**05** 15	

---

01 〔A급비법〕 더하기만 있는 식에서는 어느 수를 먼저 더해도 값은 같으므로 두 수씩 먼저 더한 후 더합니다.
㉠$+3=10$에서 ㉠$=7$
$2+$㉡$+8=16$에서 $10+$㉡$=16$, ㉡$=6$
$10-1-$㉢$=5$에서 $9-$㉢$=5$, ㉢$=4$
$9-4-2=$㉣에서 $5-2=$㉣, ㉣$=3$
➡ ㉠$+$㉡$+$㉢$+$㉣$=7+6+4+3=20$

답 20

---

02  가르기와 모으기를 이용하여 그림을 그려봅니다.
가르기와 모으기를 이용하여 그림을 그려 봅니다.

```
            10
      ┌─────┼─────┐
    거문고  가야금  해금
      └──┬──┘  └──┬──┘
         6         8
```

(거문고의 수)$=10-8=2$(개)
따라서 가야금의 수는 $6-2=4$(개)입니다.

답 4개

---

03 〔A급비법〕 어떤 수 $\bullet$와 $\blacksquare$의 값을 먼저 구한 후 바르게 계산한 값을 구합니다.
어떤 수 $\bullet$에 4와 2를 더해야 할 것을 잘못하여 뺐더니 8이 나왔으므로
$\bullet-4-2=8$에서
$\bullet=8+4+2=10+4=14$
서우가 바르게 계산한 값은
$14+4+2=20$이므로 $\bigstar=20$
어떤 수 $\blacksquare$에서 1과 3을 빼야 할 것을 잘못하여 더했더니 15가 나왔으므로
$\blacksquare+1+3=15$에서
$\blacksquare=15-1-3=14-3=11$
우영이가 바르게 계산한 값은
$11-1-3=7$이므로 $\heartsuit=7$
➡ $\bigstar+\heartsuit=20+7=27$

답 27

---

04 〔A급비법〕 진아가 먹은 만두의 수에 따라 규리, 민서가 먹은 만두의 수를 구해 봅니다.
규리는 진아보다 1개 더 먹었고, 민서는 규리보다 2개 더 먹었으므로 민서, 규리, 진아 순서로 만두를 많이 먹었습니다. 진아가 만두를 1개, 2개, 3개 먹은 경우에 규리와 민서가 먹은 만두의 수를 나타내보면 다음과 같습니다.

진아	1개	2개	3개
규리	2개	3개	4개
민서	4개	5개	6개

규리, 진아, 민서가 먹은 만두의 합이 10개이므로 진아는 2개, 규리 3개, 민서는 5개 먹었습니다.

답 규리: 3개, 진아: 2개, 민서: 5개

〔다른풀이〕 진아가 먹은 만두의 수를 $\square$라고 하면 규리가 먹은 만두의 수는 $\square+1$, 민서가 먹은 만두의 수는 $\square+1+2$입니다. 세 명이 먹은 만두의 합이

10개이므로

$\square+\square+1+\square+1+2=10$,

$1+1+2=4$이므로 $\square+\square+\square+4=10$,

$\square+\square+\square=10-4=6$입니다.

$2+2+2=6$이므로 $\square=2$입니다.

따라서 진아가 먹은 만두는 2개,

규리가 먹은 만두는 $2+1=3$(개),

민서가 먹은 만두는 $3+2=5$(개)입니다.

05 [A급비법] $\square$ 안의 수를 각각 ㉠, ㉡, ㉢, ㉣, ㉤, ㉥, ㉦으로 놓고, ◯ 안의 수가 어떤 수의 합으로 될 수 있는지 구해 봅니다.

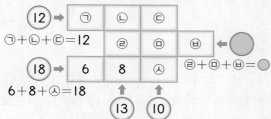

㉠+㉡+㉢=12

㉡+㉣+8=13 ㉢+㉤+㉦=10

$6+8+$㉦$=18$에서 $14+$㉦$=18$, ㉦$=4$

㉡$+$㉣$+8=13$에서 ㉡$+$㉣$=5$이므로 (㉡, ㉣)

이 될 수 있는 수는 (2, 3), (3, 2)입니다.

㉢$+$㉤$+4=10$, ㉢$+$㉤$=6$이므로 (㉢, ㉤)이

될 수 있는 수는 (1, 5), (5, 1)입니다.

1, 2, 3, 4, 5, 6, 8을 제외하면 (㉠, ㉥)이 될 수

있는 수는 (7, 9), (9, 7)입니다.

• (㉠, ㉥)$=$(7, 9)일 때

$7+$㉡$+$㉢$=12$에서 ㉡$+$㉢$=5$를 만족하는

㉡, ㉢의 값이 없습니다.

• (㉠, ㉥)$=$(9, 7)일 때

$9+$㉡$+$㉢$=12$, ㉡$+$㉢$=3$이므로

㉡$=2$, ㉢$=1$

따라서 ㉠$=9$, ㉡$=2$, ㉢$=1$, ㉣$=3$, ㉤$=5$,

㉥$=7$, ㉦$=4$입니다.

➡ ◯$=$㉣$+$㉤$+$㉥$=3+5+7=8+7=15$

🗹 15

---

3. 모양과 시각

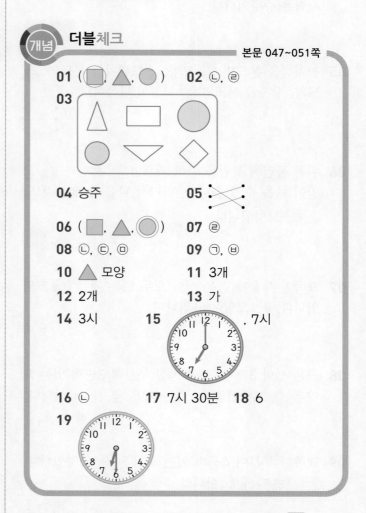

개념 더블체크

본문 047~051쪽

01 (◼, ▲, ◯) **02** ㉡, ㉣

03

04 승주 **05** (교차선)

06 (◼, ▲, ◉) **07** ㉣

08 ㉡, ㉢, ㉤ **09** ㉠, ㉥

10 ▲ 모양 **11** 3개

12 2개 **13** 가

14 3시 **15** (시계), 7시

16 ㉡ **17** 7시 30분 **18** 6

19 (시계)

---

01 주어진 물건들에서 찾을 수 있는 모양은 ◼ 모양입니다.

🗹 (◼, ▲, ◯)

02 ㉠ ◯ 모양 ㉡ ▲ 모양 ㉢ ◼ 모양

㉣ ▲ 모양 ㉤ ◼ 모양 ㉥ ◯ 모양

따라서 ▲ 모양은 ㉡, ㉣ 입니다.

🗹 ㉡, ㉣

03 ㉠ 물건의 모양은 ◯ 모양이므로 ◯ 모양에 모두 색칠합니다.

🗹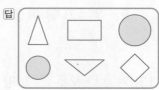

04 지훈이는 ◼ 모양과 ▲ 모양을 모았고 승주는 ◯

정답 및 풀이 | **11**

모양끼리 모았습니다. 따라서 같은 모양끼리 모은
사람은 승주입니다.

답 승주

05 참치캔을 본뜨면 ◯ 모양, 샌드위치를 본뜨면 △
모양, 상자를 본뜨면 ▢ 모양이 나옵니다.

답

06 왼쪽 물건에 물감을 묻혀 찍으면 ▢ 모양과 △ 모
양이 나올 수 있습니다. 따라서 나올 수 없는 모양
은 ◯ 모양입니다.

답 (▢ , △ , ◯)

07 뾰족한 부분과 곧은 선이 모두 없는 것은 ◯ 모양
입니다. ◯ 모양은 ㄹ입니다.

답 ㄹ

08 곧은 선이 3개 있고, 뾰족한 부분이 3군데 있는 모
양은 △ 모양입니다. △ 모양은 ㄴ, ㄷ, ㅁ입니다.

답 ㄴ, ㄷ, ㅁ

09 뾰족한 부분이 4군데 있는 모양은 ▢ 모양입니다.
▢ 모양은 ㄱ, ㅂ입니다.

답 ㄱ, ㅂ

10 ▢ 모양은 ㄱ, ㅂ의 2개, △ 모양은 ㄴ, ㄷ, ㅁ의
3개, ◯ 모양은 ㄹ의 1개로 가장 많은 모양은 △
모양입니다.

답 △ 모양

11 사용한 △ 모양은 3개입니다.

답 3개

12 모양을 꾸미는 데 ◯ 모양은 5개, ▢ 모양은 3개
사용했습니다. 따라서 ◯ 모양은 ▢ 모양보다
5-3=2(개) 더 많이 사용하였습니다.

답 2개

13 가와 나 모두 ▢ 모양 2개, △ 모양 4개, ◯ 모양
1개를 사용했습니다. 하지만 나에서 ▢ 모양 중 1
개는 주어진 모양이 아니므로 주어진 모양을 모두

사용하여 만든 모양은 가입니다.

답 가

14 짧은바늘이 3, 긴바늘이 12를 가리키므로 3시입
니다.

답 3시

15 짧은바늘이 7, 긴바늘이 12를 가리키므로 7시입
니다.

답  , 7시

16 디지털시계가 나타내는 시각은 3시 30분입니다.
㉠ 짧은바늘이 3, 긴바늘이 12를 가리키므로 3시
입니다.
㉡ 짧은바늘이 3과 4의 가운데, 긴바늘이 6을 가
리키므로 3시 30분입니다.
㉢ 짧은바늘이 4, 긴바늘이 12를 가리키므로 4시
입니다.
따라서 디지털시계의 시각과 같은 것은 ㉡입니다.

답 ㉡

17 짧은바늘이 7과 8의 가운데, 긴바늘이 6을 가리키
므로 7시 30분입니다.

답 7시 30분

18 9시 30분은 시계의 짧은바늘이 9와 10의 가운데,
긴바늘이 6을 가리킵니다.

답 6

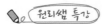 원리쌤 특강
몇 시 30분이면 시계의 긴바늘은 항상 6을 가리킵니다.

19 6시 30분은 짧은바늘이 6과 7의 가운데, 긴바늘
이 6을 가리키도록 그립니다.

답

유형1 ㉥, ㉢, ㉣, 5, ㉦, 2, ㉡, ㉧, 3,
(▢ , △ , ○) / ▢ 모양

1-1 △ 모양

유형2 4, 3, 0, 1, 5, 6, 6, 5, 1 / 6개, 5개, 1개

2-1 10개, 1개　　　　**2-2** 7개

유형3 2, 6, 3, (▢ , △ , ○), 6, (▢ , △ , ○),
2, 6, 2, 4 / 4개

3-1 8개　　　　　　　**3-2** 나

유형4 4, 4, 4, 3, 1, 4, 4, 1, 3, 3, 1, 나 / 나

4-1 지윤

유형5 (▢ , △ , ○), 8 / ▢ 모양, 8개

5-1 4개　　　　　　　**5-2** △ 모양, 8개

유형6 ③, ④, ④, ③, ④, 8 / 8개

6-1 13개　　　　　　**6-2** 17개

유형7 9시 30분, 10시, 9시 30분, 다연 / 다연

7-1 3, 1, 2　　　　　**7-2** 예나, 윤아, 민준

유형8 7, 8, 8 / 8시

8-1 4시 30분　**8-2** , 11시 30분

1-1 ▢ 모양끼리 모으면 ━, ▯, ▭, ▭으로 4
개,

△ 모양끼리 모으면 △ 으로 1개,

○ 모양끼리 모으면 ●, ◉, ◉으로 3개입니다.
따라서 모은 개수가 가장 적은 모양은 △ 모양입
니다.

　　　　　　　　　　　　　　　답 △ 모양

2-1 뾰족한 부분이 있는 것은 ▢, △ 모양이고
뾰족한 부분이 없는 것은 ○ 모양입니다.
그림에서 ▢ 모양은 6개, △ 모양은 4개,
○ 모양은 1개 사용했습니다.

　　　　　　　　　　　　답 10개, 1개

2-2 뾰족한 부분이 4군데인 모양은 ▢ 모양이고 뾰족
한 부분이 3군데인 모양은 △ 모양입니다. 그림

에서 ▢ 모양은 9개, △ 모양은 2개 사용하였습
니다. 따라서 뾰족한 부분이 4군데인 ▢ 모양은
뾰족한 부분이 3군데인 △ 모양보다
9-2=7(개) 더 많습니다.

　　　　　　　　　　　　　　　답 7개

3-1 주어진 모양을 1개 만드는 데 필요한 △ 모양은
4개입니다.
따라서 주어진 모양을 2개 만들려면 △ 모양은
4+4=8(개) 필요합니다.

　　　　　　　　　　　　　　　답 8개

3-2 가 ─ △ 모양: 5개, ○ 모양: 6개
나 ─ △ 모양: 7개, ○ 모양: 5개
△ 모양을 ○ 모양보다 더 많이 사용하여 만든
모양은 나입니다.

　　　　　　　　　　　　　　　답 나

4-1 왼쪽 모양은 ▢ 모양 2개, △ 모양 3개,
○ 모양 3개입니다.
지윤 ─ ▢ 모양: 2개, △ 모양: 3개,
　　　　○ 모양: 3개
호영 ─ ▢ 모양: 1개, △ 모양: 3개,
　　　　○ 모양: 3개
왼쪽 모양을 모두 사용하여 모양을 만든 사람은
지윤입니다.

　　　　　　　　　　　　　　　답 지윤

5-1
[1번 → 2번 도형 그림]
종이를 2번 접으면 겹쳐지는 종이는 4장입니다.
따라서 접힌 종이에 ○ 모양을 그려서 오리면
○ 모양은 4개 만들어집니다.

　　　　　　　　　　　　　　　답 4개

5-2
[1번 → 2번 → 3번 도형 그림]
접힌 선을 따라 자르면 △ 모양이 8개 만들어집
니다.

　　　　　　　　　　　　답 △ 모양, 8개

6-1

- 가장 작은 △ 모양 |개짜리: ①, ②, ③, ④, ⑤, ⑥, ⑦, ⑧, ⑨
- 가장 작은 △ 모양 4개짜리:
  ①+②+③+④, ②+⑤+⑥+⑦,
  ④+⑦+⑧+⑨
- 가장 작은 △ 모양 9개짜리:
  ①+②+③+④+⑤+⑥+⑦+⑧+⑨

따라서 찾을 수 있는 크고 작은 △ 모양은 모두 |3개입니다.

답 |3개

6-2

- 가장 작은 ■ 모양 |개짜리: ①, ②, ③, ④, ⑤, ⑥, ⑦
- 가장 작은 ■ 모양 2개짜리: ①+②, ②+③, ③+④, ③+⑤, ④+⑥, ⑤+⑥, ⑥+⑦
- 가장 작은 ■ 모양 3개짜리: ②+③+⑤, ⑤+⑥+⑦
- 가장 작은 ■ 모양 4개짜리:
  ③+④+⑤+⑥

따라서 찾을 수 있는 크고 작은 ■ 모양은 모두 |7개입니다.

답 |7개

7-1 저녁 식사: 7시, 농구하기: 2시, 책 읽기: 4시 30분

따라서 먼저 한 일부터 순서대로 쓰면 농구하기, 책 읽기, 저녁 식사이므로 3, |, 2입니다.

답 3, |, 2

7-2 민준이는 |0시, 예나는 7시 30분, 윤아는 9시에 도착했으므로 먼저 도착한 순서대로 이름을 쓰면 예나, 윤아, 민준입니다.

답 예나, 윤아, 민준

8-1 4시와 6시 사이의 시각 중에서 긴바늘이 6을 가리키는 시각은 4시 30분, 5시 30분입니다. 이 중에서 5시보다 빠른 시각은 4시 30분입니다.

답 4시 30분

✎ 원리샘 특강

긴바늘이 6을 가리키면 '몇 시 30분'을 나타냅니다.

8-2 긴바늘이 6을 가리키므로 '몇 시 30분'입니다. 시계에서 가장 큰 숫자는 |2이고, 두 번째로 큰 숫자는 | |이므로 짧은바늘은 | |과 |2의 가운데를 가리킵니다.

따라서 설명하는 시각은 | |시 30분입니다.

답 [시계 그림] , | |시 30분

STEP B 종합응용력완성 | **본문 060~066쪽**

01 ■ 모양, 2개	02 6개
03 유주	04 진호
05 |2시 30분	06 △ 모양
07 9개	08 2개
09 6개	10 태온
11 ■ 모양: 5개, △ 모양: 2개, ◯ 모양: 5개	
12 5시 30분	
13 ■ 모양: 8개, △ 모양: |0개	
14 예 [고양이 모양 그림]	15 |시 30분
16 7개	17 3명

01 ■ 모양은 ㉠, ㉢, ㉫, ㉭의 4개, ◯ 모양은 ㉡, ㉣의 2개입니다.

4>2이므로 ■ 모양이 ◯ 모양보다

4-2=2(개) 더 많습니다.

답 ■ 모양, 2개

02 점선을 따라 잘랐을 때 만들어지는 ■, ▲ 모양에 각각 다른 표시를 하며 세어 보면 다음과 같습니다.

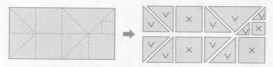

점선을 따라 종이를 모두 자르면 ▲ 모양은 10개이고 ■ 모양은 4개입니다.

▲ 모양은 ■ 모양보다 10−4=6(개) 더 많습니다.

답 6개

03 도서관에 아인이는 3시, 유주는 2시 30분, 보라는 3시 30분에 도착했습니다. 따라서 약속을 지킨 사람은 유주입니다.

답 유주

04 예 ❶ 모양을 꾸미는 데 ▲ 모양을 혜진이는 7개, 진호는 5개, 서윤이는 6개 사용했습니다.
❷ 7>6>5이므로 ▲ 모양을 가장 적게 사용한 사람은 진호입니다.

답 진호

채점기준	배점	
❶ 각자 ▲ 모양을 몇 개 사용했는지 구하기	3점	5점
❷ ▲ 모양을 가장 적게 사용한 사람 구하기	2점	

05 긴바늘이 한 바퀴 움직이면 짧은바늘은 숫자 1칸을 움직이고, 긴바늘이 두 바퀴 움직이면 짧은바늘은 숫자 2칸을 움직입니다.

2시 30분 ──긴바늘이 한 바퀴 돌기 전→ 1시 30분 ──긴바늘이 한 바퀴 돌기 전→ 12시 30분

따라서 산책을 시작한 시각은 12시 30분입니다.

답 12시 30분

06 가장 밑에 있는 모양은 뾰족한 부분이 3군데 있으므로 ▲ 모양입니다.

답 ▲ 모양

07 점 3개로 그릴 수 있는 ▲ 모양

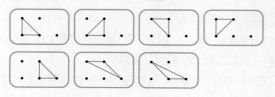

점 4개로 그릴 수 있는 ▲ 모양

따라서 만들 수 있는 ▲ 모양은 모두 7+2=9(개)입니다.

답 9개

08 뾰족한 부분이 3군데인 모양은 ▲ 모양으로 7개이고 뾰족한 부분이 4군데인 모양은 ■ 모양으로 5개입니다.
따라서 뾰족한 부분이 3군데인 모양은 뾰족한 부분이 4군데인 모양보다 7−5=2(개) 더 많습니다.

답 2개

09 사용한 각 모양의 개수를 세어 보면 ■ 모양은 6개, ▲ 모양은 10개, ● 모양은 12개입니다.
12>10>6이므로 가장 많이 사용한 ● 모양은 가장 적게 사용한 ■ 모양보다 12−6=6(개) 더 많습니다.

답 6개

10 오뚜기: ■ 모양 2개, ▲ 모양 1개, ● 모양 2개
➡ 만들 수 있습니다.
애벌레: ■ 모양 2개, ▲ 모양 1개, ● 모양 5개
➡ ● 모양이 1개 모자라 만들 수 없습니다.
따라서 바르게 말한 사람은 태온입니다.

답 태온

11 예 ❶

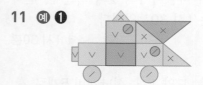

■, ▲, ● 모양에 각각 다른 표시를 하며 세어 보면 모양을 만드는 데 필요한 모양의 개수는 ■ 모양 5개, ▲ 모양 4개, ● 모양 4개입니다.
❷ 하은이가 가지고 있는 모양의 개수는 ■ 모양 5개, ▲ 모양 4−2=2(개), ● 모양 4+1=5(개)입니다.

답 ■ 모양: 5개, ▲ 모양: 2개, ● 모양: 5개

채점기준	배점	
❶ 모양을 만드는 데 필요한 모양의 개수 구하기	3점	5점
❷ 하은이가 가지고 있는 모양의 개수 구하기	2점	

12 서아가 놀이터에 온 시각은 2시입니다.

$$2시 \xrightarrow{\text{긴바늘이 한}\atop\text{바퀴 돈 후}} 3시$$

➡ 지안이는 놀이터에 3시에 왔습니다.

$$3시 \xrightarrow{\text{긴바늘이 한}\atop\text{바퀴 돈 후}} 4시 \xrightarrow{\text{긴바늘이 한}\atop\text{바퀴 돈 후}} 5시 \xrightarrow{\text{긴바늘이 반}\atop\text{바퀴 돈 후}} 5시 30분$$

따라서 하준이는 놀이터에 5시 30분에 왔습니다.

🅛 5시 30분

13

• ▢ 모양: ①＋②＋④＋⑤, ①＋③＋④,
②＋⑤＋⑥, ③＋④, ⑤＋⑥, ③＋④＋⑤,
④＋⑤＋⑥, ③＋④＋⑤＋⑥의 8개

• ▲ 모양: ①, ②, ③, ④, ⑤, ⑥, ①＋④,
②＋⑤, ①＋②, ④＋⑤의 10개

🅛 ▢ 모양: 8개, ▲ 모양: 10개

14 🅛 **예**

15 우리나라의 시각이 8시일 때 태국의 시각은 6시이
므로 우리나라의 시각에서 짧은바늘이 숫자 2칸만
큼 차이가 납니다.
우리나라의 시계는 짧은바늘이 3과 4의 가운데,
긴바늘이 6을 가리키는 3시 30분을 나타내므로
태국의 시각은 짧은바늘이 1과 2의 가운데, 긴바
늘이 6을 가리키는 1시 30분입니다.

🅛 1시 30분

16 성냥개비 3개로 ▲ 모양 1개, 성냥개비 5개로 ▲
모양 2개, 성냥개비 7개로 ▲ 모양 3개……를 만
들 수 있으므로 ▲ 모양이 1개씩 늘어날수록 성냥
개비는 2개씩 더 놓입니다.
3＋2＋2＋2＋2＋2＋2＝15에서 성냥개비
15개를 늘어놓으면 ▲ 모양이 7개 만들어집니다.

🅛 7개

17 이동도서관에 도착한 시각은 정우가 3시, 유나가
6시 30분, 승현이가 12시 30분, 채은이가 2시
30분, 윤아가 6시입니다. 따라서 오후 5시 이전에

도착한 정우, 승현, 채은 3명이 이동도서관을 이용
하였습니다.

🅛 3명

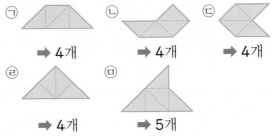

STEP Ⓐ 최상위실력완성 〉 본문 067~068쪽

01 ⓜ **02** 3군데 **03** 10시 **04** 3바퀴
05 9바퀴 **06** ▢ 모양: 1개, ▲ 모양: 4개

01 〔A금비법〕 그림에서 점선을 따라 자르면 같은 크기의 ▲ 모양
이 4개 생깁니다.
각각의 모양에 ▲ 모양을 어떻게 이어 붙인 것인
지 점선으로 나타내어 봅니다.

ⓕ   ⓛ   ⓒ

➡ 4개   ➡ 4개   ➡ 4개

ⓡ   ⓜ

➡ 4개   ➡ 5개

ⓜ은 ▲ 모양 5개가 필요하므로 잘라서 나온 모양
을 이어 붙여 만들 수 없습니다.

🅛 ⓜ

02 〔A금비법〕 모양이 반복되는 규칙을 찾아봅니다.
●, ▲, ▢, ▢ 모양이 반복되는 규칙입니다.
4＋4＋4＋4＋4＋2＝22에서 22번째에 놓이
는 모양은 ▲ 모양입니다.
▲ 모양은 뾰족한 부분이 3군데입니다.

🅛 3군데

03 〔A금비법〕 시계가 나타내는 시각을 먼저 구해 봅니다.
시계가 나타내는 시각은 6시 30분입니다. 6시 30
분에서 긴바늘이 3바퀴를 돌면 9시 30분이고, 9
시 30분에서 긴바늘이 반 바퀴를 더 돌면 10시입
니다.

🅛 10시

04 〔A금비법〕 오전에 한 일의 시각을 먼저 구해 봅니다.
놀이터에서 놀기: 11시 30분, 세수하기: 8시 30
분, 그림 그리기: 10시 30분
시각이 빠른 것부터 차례로 쓰면 8시 30분, 10시

30분, 11시 30분입니다. 가장 먼저 한 일의 시각은 8시 30분이고 가장 늦게 한 일의 시각은 11시 30분입니다.

8시 30분 $\xrightarrow[\text{바퀴 돈 후}]{\text{긴바늘이 한}}$ 9시 30분 $\xrightarrow[\text{바퀴 돈 후}]{\text{긴바늘이 한}}$

10시 30분 $\xrightarrow[\text{바퀴 돈 후}]{\text{긴바늘이 한}}$ 11시 30분

따라서 시계의 긴바늘이 3바퀴 더 돈 후입니다.

답 3바퀴

05 A급비법 모형 시계를 생각해 봅니다.

모형 시계를 8시에 맞춘 후에 5시가 될 때까지 시계 방향으로 한 바퀴씩 돌리면 9바퀴를 돌려야 합니다. 따라서 은성이가 나갔다 온 사이 시계의 긴바늘은 9바퀴를 돌았습니다.

답 9바퀴

06 A급비법 접힌 부분을 거꾸로 펼쳐보며 생각해 봅니다.

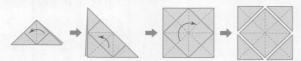

색종이를 3번 접은 후 점선을 따라 자르면 위의 그림과 같습니다. 따라서 ■ 모양은 1개, ▲ 모양은 4개가 만들어집니다.

답 ■ 모양: 1개, ▲ 모양: 4개

"남이 깨면 프라이, 내가 깨면 병아리"
(어디선가 들은 명언)
내가 할 일을 남에게 미루지 말고 스스로 해야겠다.

4. 덧셈과 뺄셈(2)

개념 더블체크

01 (1) 14, 4 (2) 14, 1
02 ╳   **03** 14, 3, 1 **04** ㉢
05 13, 14, 14, 15   **06** 13명
07 (1) 9, 6 (2) 6, 4   **08** <
09 8, 7, 6, 작아집니다에 ○표 **10** ㉢
11

13−6	14−6	15−6
7	8	9
13−7	14−7	15−7
6	7	8
13−8	14−8	15−8
5	6	7

12 9개

01 앞의 수 또는 뒤의 수를 가르기 하여 10이 되도록 만들고 남은 수를 더합니다.

(1) 8+6=10+4=14
      2 4

(2) 5+9=4+10=14
      4 1

답 (1) 14, 4 (2) 14, 1

02 5+6=1+10=11   7+9=10+6=16
       1 4   3 6

       8+8=10+6=16   3+8=1+10=11
       2 6   1 2

       6+9=5+10=15   8+7=10+5=15
       5 1   2 5

답 ╳

03 먼저 5와 5를 더하여 10을 만들고 남은 3과 1을 더하면 14가 됩니다.

답 14, 3, 1

04 ㉠ 3+9=2+10=12
          2 1

ⓒ $9+4=10+3=13$
             1 3

ⓓ $7+8=5+10=15$
      5 2

$12<13<15$이므로 계산 결과가 가장 큰 것은 ⓓ입니다.

답 ⓓ

05 $5+6=11$, $5+7=12$, $5+8=13$
$6+6=12$, $6+7=13$, $6+8=14$
$7+6=13$, $7+7=14$, $7+8=15$
- → 방향: 같은 수에 1씩 큰 수를 더하면 합도 1씩 커집니다.
- ↓ 방향: 1씩 큰 수에 같은 수를 더하면 합도 1씩 커집니다.

답 13, 14, 14, 15

06 (놀이터에 있는 어린이의 수)
=(처음에 있던 어린이의 수)
    +(더 온 어린이의 수)
=$6+7=13$(명)

답 13명

07 (1) 7을 6과 1로 가르기 하여 16에서 6을 빼고 남은 10에서 1을 뺍니다.
$16-7=10-1=9$
        6 1

(2) 14를 10과 4로 가르기 하여 10에서 8을 빼고 남은 2에 4를 더합니다.
$14-8=2+4=6$
   10 4

답 (1) 9, 6 (2) 6, 4

08 $13-8=2+3=5$,
    10 3
$16-9=10-3=7$에서 $5<7$입니다.
     6 3
➡ $13-8$ ⓒ $16-9$

답 <

09 $16-8=8$, $15-8=7$, $14-8=6$
➡ 1씩 작아지는 수에서 같은 수를 빼면 차는 1씩 작아집니다.

답 8, 7, 6, 작아집니다에 ○표

10 ⓐ $11-3=10-2=8$
        1 2

ⓑ $15-7=3+5=8$
    10 5

ⓒ $12-7=3+2=5$
   10 2

따라서 계산 결과가 다른 하나는 ⓒ입니다.

답 ⓒ

11 $13-6=7$, $14-6=8$, $15-6=9$
$13-7=6$, $14-7=7$, $15-7=8$
$13-8=5$, $14-8=6$, $15-8=7$
- → 방향: 1씩 커지는 수에서 같은 수를 빼면 차는 1씩 커집니다.
- ↓ 방향: 같은 수에서 1씩 커지는 수를 빼면 차는 1씩 작아집니다.

답

$13-6$	$14-6$	$15-6$
7	8	9
$13-7$	$14-7$	$15-7$
6	7	8
$13-8$	$14-8$	$15-8$
5	6	7

12 (예지가 가지고 있는 구슬의 수)
=(태영이가 가지고 있는 구슬의 수)-8
=$17-8=9$(개)

답 9개

감기에 걸려서… 동생 때문에… 숙제가 너무 많아서…
내 잘못을 남 탓으로 돌리려고 대는 핑계들
핑계는 습관입니다.
(핑계 완전 차단! 꼭 실천하겠어! 내년 1월부터 …)

유형1 3, 13, 10, 18, 1, 3, 8, 10, 4, 6, 4, 18, 13, 8, 6, ㉡ / ㉡

1-1 ㉡　　　　　　**1-2** ㉣, ㉠, ㉢, ㉡

유형2 4, 9, 9, 9, 14 / 14

2-1 14　　　　**2-2** 13　　　　**2-3** 5

유형3 13, 13, 12 / 12

3-1 10　　　　**3-2** 4　　　　**3-3** 8, 9

유형4 2, 11, 11, 2 / 11−9=2

또는 11−2=9

4-1 13−5=8 또는 13−8=5

4-2 16−7=9 또는 16−9=7

유형5 5, 13, 6, 6, 7 / 7개

5-1 4개　　　　　　**5-2** 6명

유형6 6, 9, 5, 7, 9, 7, 색연필 / 색연필

6-1 유준, 1권　　　　**6-2** 초콜릿, 6개

1-1 ㉠　5+6=1+10=11
　　　　　　1　4

㉡ 12−9=10−7=3
　　　　　　　2　7

㉢　18−9=1+8=9
　　　　10　8

㉣ 7+7=10+4=14
　　　　3　4

따라서 3<9<11<14이므로 계산 결과가 가장 작은 것은 ㉡입니다.

답 ㉡

1-2 ㉠　4+7=1+10=11
　　　　　　1　3

㉡ 11−8=10−7=3
　　　　　　1　7

㉢　17−8=2+7=9
　　　　10　7

㉣ 5+9=10+4=14
　　　　5　4

따라서 14>11>9>3이므로 계산 결과가 큰 것부터 차례대로 기호를 쓰면 ㉣, ㉠, ㉢, ㉡입니다.

답 ㉣, ㉠, ㉢, ㉡

2-1 2+▲=10에서 ▲=10−2=8
●−▲=6에서 ●−8=6이므로
●=6+8=14

답 14

2-2 ★+★=12에서 6+6=12이므로 ★=6
▲−★=7에서 ▲−6=7이므로
▲=7+6=13

답 13

2-3 13−7=◉에서 13−7=6이므로 ◉=6
6+◉=▲에서 6+6=▲이므로 ▲=12
17−▲=◆에서 17−12=◆이므로 ◆=5

답 5

3-1 오른쪽 식을 계산하면 17−8=9입니다.
□>9이므로 □ 안에 들어갈 수 있는 수는 10, 11, 12……입니다. 따라서 이 중에서 가장 작은 수는 10입니다.

답 10

3-2 왼쪽 식을 계산하면 14−6=8입니다.
>를 =로 놓고 계산하면
8=□+3, 8−3=□, □=5
5>□이므로 5보다 작은 수는 4, 3, 2……입니다.
따라서 □ 안에 들어갈 수 있는 가장 큰 수는 4입니다.

답 4

3-3 왼쪽 식을 계산하면 10−4=6입니다.
>를 =로 계산하면
6=13−□, □=13−6, □=7
7<□이므로 7보다 큰 수는 8, 9, 10……입니다.
따라서 □ 안에 들어갈 수 있는 수는 8, 9입니다.

답 8, 9

4-1 2장의 수 카드의 합이 주어진 수 카드 중에 있는지 찾으면 5, 13, 8 로 덧셈식을 만들 수 있습니다. ➡ 5+8=13
5+8=13을 뺄셈식으로 고칩니다.
➡ 13−5=8 또는 13−8=5

답 13−5=8 또는 13−8=5

4-2 2장의 수 카드의 합이 주어진 수 카드 중에 있는
지 찾으면 7, 9, 16으로 덧셈식을 만들
수 있습니다. ➡ 7＋9＝16
7＋9＝16을 뺄셈식으로 고칩니다.
➡ 16－7＝9 또는 16－9＝7

답 16－7＝9 또는 16－9＝7

5-1 (파란색 풍선의 수)＝(빨간색 풍선의 수)＋5
＝6＋5＝11(개)
(보라색 풍선의 수)＝(파란색 풍선의 수)－7
＝11－7＝4(개)

답 4개

5-2 (버스에 타고 있는 사람의 수)
＝(처음에 타고 있던 사람의 수)
＋(이번 정류장에서 탄 사람의 수)
－(이번 정류장에서 내린 사람의 수)
＝9＋5－8＝14－8＝6(명)

답 6명

6-1 (혜인이가 읽은 책의 수)＝6＋4＝10(권)
(유준이가 읽은 책의 수)＝3＋8＝11(권)
11＞10이므로 유준이가 혜인이보다 책을
11－10＝1(권) 더 많이 읽었습니다.

답 유준, 1권

6-2 (남은 젤리의 수)＝13－4＝9(개)
(남은 초콜릿의 수)＝11－8＝3(개)
9＞3이므로 초콜릿이 젤리보다 9－3＝6(개)
더 적게 남았습니다.

답 초콜릿, 6개

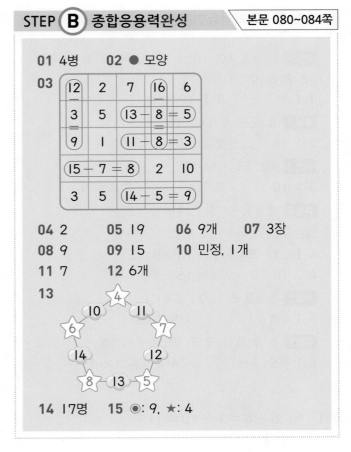

01 4병　02 ● 모양
03

12	2	7	16	6
3	5	13－8＝5		
9	1	11－8＝3		
15－7＝8		2	10	
3	5	14－5＝9		

04 2　　05 19　　06 9개　　07 3장
08 9　　09 15　　10 민정, 1개
11 7　　12 6개
13
14 17명　　15 ◎: 9, ★: 4

01 (주스의 수)＝(오렌지 주스의 수)＋(망고 주스의 수)
＝5＋9＝14(병)
선물 상자에 10병을 담으면 남는 주스는 4병입니다.

답 4병

02 ■ 모양에 있는 두 수를 모으면 5＋10＝15
▲ 모양에 있는 두 수를 모으면 8＋6＝14
● 모양에 있는 두 수를 모으면 7＋9＝16
따라서 두 수를 모아 16이 되는 것은 ● 모양입니다.

답 ● 모양

03 뺄셈식을 먼저 옆으로 찾아 본 후 아래로 찾아 봅
니다.
13－8＝5, 11－8＝3, 15－7＝8,
14－5＝9, 16－8＝8

답

12	2	7	16	6
3	5	13－8＝5		
9	1	11－8＝3		
15－7＝8		2	10	
3	5	14－5＝9		

04 어떤 수를 □라 하고 잘못 계산한 식을 만들면
□＋7＝16입니다. □＝16－7＝9이므로 어떤
수는 9입니다.
따라서 바르게 계산하면 9－7＝2입니다.

📋 **2**

05 두 장씩 짝을 지어 10이 되는 수를 찾으면
1＋9＝10, 3＋7＝10이고 남은 수 카드는 5,
6, 8입니다.
따라서 그 합은 5＋6＋8＝11＋8＝19입니다.

📋 **19**

06 처음에 있던 과일은 6＋3＋5＝9＋5＝14(개)
입니다.
따라서 남은 과일은
14－1－4＝13－4＝9(개)입니다.

📋 **9개**

07 진우와 예은이가 가진 딱지는 11＋5＝16(장)이
므로 진우와 예은이가 가진 딱지의 수가 같아지려
면 16＝8＋8에서 8장씩 가져야 합니다.
따라서 진우는 예은이에게 11－8＝3(장)을 주어
야 합니다.

📋 **3장**

08 수민이가 꺼낸 공에 적힌 수의 합은 7＋6＝13이
므로 호진이가 꺼낸 공의 수의 합 8＋□는 13보
다 커야 합니다. 8＋6, 8＋7, 8＋8, 8＋9는
13보다 크지만 6, 7, 8은 이미 꺼냈으므로 호진이
는 9가 적힌 공을 꺼내야 이깁니다.

📋 **9**

09 8－□＋2의 값이 4보다 커야 하므로
8－□의 값이 2보다 커야 합니다.
따라서 □ 안에 들어갈 수 있는 수는 1, 2, 3, 4,
5입니다.
➡ 1＋2＋3＋4＋5＝3＋3＋4＋5
　　　　　　　　　＝6＋4＋5＝10＋5
　　　　　　　　　＝15

📋 **15**

10 예 ❶ (은율이가 먹은 호두과자의 수)
　　　＝13－6＝7(개)
❷ (태하가 먹은 호두과자의 수)＝7＋5＝12(개)
❸ 호두과자를 민정이는 13개, 태하는 12개 먹었

으므로 민정이가 호두과자를 13－12＝1(개) 더
많이 먹었습니다.

📋 **민정, 1개**

채점기준	배점	
❶ 은율이가 먹은 호두과자의 수 구하기	2점	
❷ 태하가 먹은 호두과자의 수 구하기	2점	5점
❸ 민정이와 태하 중 누가 몇 개 더 먹었는지 구하기	1점	

11 ㉠＋5＝12, 12－5＝㉠, ㉠＝7
17－㉡＝9, 17－9＝㉡, ㉡＝8
㉢－9＝5, ㉢＝5＋9, ㉢＝14
5＋8＝㉣, ㉣＝13
7＜8＜13＜14이므로 가장 큰 것은 14, 가장
작은 것은 7입니다. 따라서 그 차는 14－7＝7입
니다.

📋 **7**

12 어제는 아침에 3개, 점심에 5개, 저녁에 3개 먹었
으므로 3＋5＋3＝8＋3＝11(개) 먹었습니다.
오늘은 아침과 점심에 먹은 도토리가 2＋4＝6
(개)입니다.
오늘 저녁에 먹어야 하는 도토리를 □개라 하면
6＋□＞11입니다.
＞를 ＝로 놓고 계산하면
6＋□＝11, 11－6＝□, □＝5
□＞5이므로 5보다 큰 수는 6, 7, 8……이므로
오늘 저녁에 적어도 6개를 먹어야 합니다.

📋 **6개**

13

☁ 안의 수는 이웃하는 ☆ 안의 수를 더한 것이
므로 10＝㉠＋㉡입니다.
4, 5, 6, 7, 8 중에서 두 수를 짝 지어 10이 되는 수
를 찾으면 4, 6이므로 ㉠＝4 또는 ㉠＝6입니다.
㉠＝4라 하면 ㉡＝6, ㉢＝8, ㉣＝5, ㉤＝7입
니다.
㉠＝6이라 하면 ㉡＝4, ㉢＝10이 되어야 하는
데 ☆ 안에는 4부터 8까지의 수가 들어가야 하므
로 ㉠은 6이 아닙니다.

답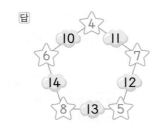

14 (한수네 반에서 안경을 쓴 학생 수)
＝(민지네 반에서 안경을 쓴 학생 수)＋3
＝6＋3＝9(명)
(민지네 반에서 안경을 쓰지 않는 학생 수)
＝15－6＝9(명)
(한수네 반에서 안경을 쓰지 않는 학생 수)
＝17－9＝8(명)
따라서 두 반에서 안경을 쓰지 않는 학생 수는
9＋8＝17(명)입니다.

답 17명

15 ◉－★＝5이므로 ◉＞★입니다.
차가 5인 두 수 ◉와 ★의 합이 13인 경우를 찾으면 다음과 같습니다.

◉	6	7	8	9	10
★	1	2	3	4	5
◉＋★	7	9	11	13	15

따라서 ◉＝9, ★＝4입니다.

답 ◉: 9, ★: 4

STEP A 최상위실력완성　　본문 085~086쪽

01 6　　02 12개　03 4　　04 17장
05 12계단

---

01 A급비법 주어진 수로 16이 되는 세 수를 생각해 봅니다.
세 수의 합이 16이 되는 경우는
1＋6＋9＝7＋9＝16,
2＋6＋8＝8＋8＝16으로 2가지입니다.
따라서 ㉠은 2번 더해지므로 ㉠에 놓은 숫자는 6입니다.

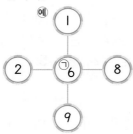

답 6

02 A급비법 거꾸로 생각해 봅니다.
(언니에게 준 사탕 수)＝(남은 사탕 수)＝3(개)
(동생에게 준 사탕 수)
＝(언니에게 준 사탕 수)＋(남은 사탕 수)
＝3＋3＝6(개)
(성은이가 가지고 있던 사탕 수)
＝(동생에게 준 사탕 수)＋(언니에게 준 사탕 수)
＋(남은 사탕 수)
＝6＋3＋3＝6＋6＝12(개)

답 12개

03 A급비법 ●를 먼저 구하여 ▲와 ■를 구합니다.
●＋●＋●＝15에서 5＋5＋5＝15이므로
●＝5입니다.
▲－●－●＝3에서 ▲－5－5＝3이므로
▲＝3＋5＋5＝8＋5＝13입니다.
●＋▲－■＝9에서 5＋13－■＝9이므로
18－■＝9, ■＝18－9＝9입니다.
13－9＝4이므로 ▲는 ■보다 4만큼 더 큽니다.

답 4

04 A급비법 유주와 기태는 처음보다 색종이가 몇 장 줄었는지, 늘었는지 살펴 봅니다.
유주는 처음보다 색종이 6＋3＝9(장)이 줄었고,
기태는 처음보다 색종이 6＋2＝8(장)이 늘었습니다.
(유주가 처음에 가지고 있던 색종이 수)－9
＝(기태가 처음에 가지고 있던 색종이 수)＋8
이므로 처음에 유주와 기태가 가지고 있던 색종이 수의 차는 9＋8＝17(장)입니다.

답 17장

05 A급비법 그림을 그려 생각해 봅니다.
성욱, 고은, 세윤, 종석 네 사람의 위치를 그림으로 나타내 봅니다.

고은이는 세윤이보다 8－5＝3(계단) 위에 있습니다.
따라서 성욱이와 세윤이는
9＋3＝12(계단) 떨어져 있습니다.

답 12계단

5. 규칙 찾기

01 ⭐, ♥
02 사과
03 ( )
(◯)
04
05
06
07 50, 45 **08** Ⅰ씩
09 예 57부터 시작하여 9씩 커지는 규칙입니다.
10 47, 57, 67, 77
11 ◇, ◯, ◯, ◇, ◯, ◯
12 2, 7, 7, 2

---

01 ⭐, ♥가 반복됩니다.

답 ⭐, ♥

02 사과, 사과, 키위가 반복되는 규칙입니다.
사과 ─ 사과 ─ 키위 ─ 사과 ─ 사과 ─ 키위 ─ 사과
이므로 빈 접시에 담길 과일은 사과입니다.

답 사과

03 정우는 수박, 포도, 포도가 반복되는 규칙을 만들었습니다.

답 ( )
(◯)

04 답
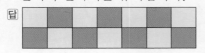

05 첫째 줄은 노란색, 보라색이 반복되는 규칙이고,
둘째 줄은 보라색, 노란색이 반복되는 규칙입니다.

답

---

06 ♠, ♣가 반복됩니다.

답

07 70부터 시작하여 5씩 작아지는 규칙입니다.
70 ─ 65 ─ 60 ─ 55 ─ 50 ─ 45

답 50, 45

08 ······에 있는 수는 71, 72, 73, 74, 75, 76,
77, 78, 79, 80입니다.
따라서 ······에 있는 수는 71부터 시작하여 Ⅰ씩
커지는 규칙입니다.

답 Ⅰ씩

09 답 예 57부터 시작하여 9씩 커지는 규칙입니다.

10 37부터 시작하여 10씩 커지면
37 ─ 47 ─ 57 ─ 67 ─ 77 입니다.

답 47, 57, 67, 77

11 계란프라이, 소시지, 소시지가 반복됩니다.
계란프라이를 ◇, 소시지를 ◯로 나타내면 ◇, ◯,
◯가 반복됩니다.

답 ◇, ◯, ◯, ◇, ◯, ◯

12 고양이, 강아지, 강아지, 고양이가 반복됩니다.
고양이를 2, 강아지를 7로 나타내면 2, 7, 7, 2가
반복됩니다.

답 2, 7, 7, 2

저는, 뭔가를 즐겁게 기다리는 것에 그 즐거움이 있다고 생각해요.
그 즐거움이 일어나지 않는다고 해도 즐거움을 기다리는 동안의
기쁨이란 틀림없이 나만의 것이니까요.

─ 빨간머리 앤 중에서

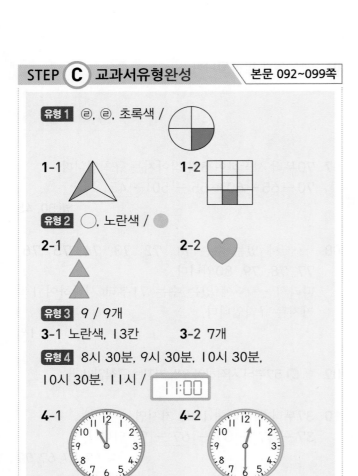

유형1 ㉣, ㉣, 초록색 /

1-1　　　　　**1-2**

유형2 ◯, 노란색 / ◯

2-1　　　　　**2-2**

유형3 9 / 9개

3-1 노란색, 13칸　　　**3-2** 7개

유형4 8시 30분, 9시 30분, 10시 30분, 10시 30분, 11시 / 11:00

4-1　　　　　**4-2**

유형5 9, 9, 30, 39, 48, 57, 66, 66 / 66

5-1 52　　　　　**5-2** 41

유형6 2, 1, 15, 16, 14, 14 / 14

6-1 34　　　　　**6-2** 99

유형7 49, 49, 51, 51, 61 / 61

7-1 52　　　　　**7-2** ♥: 48, ▲: 57

유형8 6, 11, 검은색, 5 / 검은색 바둑돌, 5개

8-1 검은색 바둑돌, 5개　　　**8-2** 36개

1-1 시계 방향 ㉠ → ㉢ → ㉡으로 한 칸씩 돌아가며 색칠되는 규칙이므로 색칠해야 하는 칸은 ㉠입니다.
주황색, 보라색이 반복되는 규칙이므로 색깔은 주황색입니다.

답

1-2 시계 반대 방향 ㉠ → ㉡ → ㉢ → ㉣로 돌아가며 색칠되는 규칙이므로 색칠해야 하는 칸은 ㉢입니다.
빨간색, 초록색, 파란색이 반복되는 규칙이므로 색깔은 빨간색입니다.

2-1 모양의 개수는 ▨ 1개, △ 3개가 반복되는 규칙이고, 색깔은 빨간색, 보라색, 파란색이 반복되는 규칙입니다.

답

2-2 색깔은 빨간색, 빨간색, 파란색, 보라색이 반복되므로 알맞은 색깔은 빨간색입니다.
크기는 작은 것, 작은 것, 큰 것이 반복되므로 빈 칸에 알맞은 크기는 큰 것입니다.

답

3-1 첫째 줄은 노란색, 노란색, 주황색이 반복됩니다.
둘째 줄은 노란색, 주황색, 노란색이 반복됩니다.
셋째 줄은 주황색, 노란색, 노란색이 반복됩니다.
규칙에 따라 색칠하면 노란색이 26칸, 주황색이 13칸입니다. 따라서 노란색을 26−13=13(칸) 더 많이 색칠하였습니다.

답 노란색, 13칸

3-2 벽지의 일부분을 보고 규칙을 찾아 보면 구름, 무지개, 구름이 반복되는 규칙입니다.
찢어진 부분을 그려 보면 다음과 같습니다.

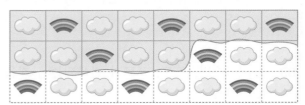

찢어진 부분에 있던 구름을 세어 보면 모두 7개입니다.

답 7개

4-1 시각은 차례로 8시−9시−10시입니다. 8시부터 짧은바늘이 가리키는 숫자가 1씩 커지는 규칙이므로 마지막 시계가 나타내는 시각은 11시입니다.

답

4-2 시각은 차례로 6시 30분 − 8시 30분 − 10시 30분입니다.

시계의 긴바늘이 모두 6을 가리키므로 시각은 몇 시 30분을 나타내는 규칙입니다.

마지막 시계가 나타내는 시각을 □시 30분이라 하면 시는 6 − 8 − 10으로 숫자가 2씩 커지므로 □ = 12입니다.

따라서 마지막 시계가 나타내는 시각은 12시 30분입니다.

답

5-1 60에서 68까지 오른쪽으로 2번 가서 8씩 커졌으므로 4 + 4 = 8에서 오른쪽으로 갈수록 4씩 커집니다.

즉, 왼쪽으로 갈수록 4씩 작아집니다.

60보다 4 작은 수는 56, 56보다 4 작은 수는 52이므로 ㉠에 알맞은 수는 52입니다.

답 52

5-2 보기는 12씩 작아지는 규칙이므로 89에서 차례로 12씩 작은 수를 알아봅니다.

89 − 77 − 65 − 53 − 41이므로 ㉠에 알맞은 수는 41입니다.

답 41

6-1 수가 번갈아가며 1씩, 3씩 커지는 규칙입니다.

1번째	2번째	3번째	4번째	5번째	6번째	7번째	8번째
21	22	25	26	29	30	33	34

+1 +3 +1 +3 +1 +3 +1

따라서 8번째에 놓이는 수는 34입니다.

답 34

6-2 수가 1, 2, 3⋯⋯으로 커지는 규칙입니다.

1번째	2번째	3번째	4번째	5번째	6번째	7번째	8번째
8	9	11	14	18	23	29	36

+1 +2 +3 +4 +5 +6 +7

9번째	10번째	11번째	12번째	13번째	14번째
44	53	63	74	86	99

+8 +9 +10 +11 +12 +13

따라서 14번째에 놓이는 수는 99입니다.

답 99

7-1

35		37	38	39
42	43	㉠	㉡	
			★	

→ 방향으로 1씩 커지므로 ㉠은 43보다 1 큰 수인 44이고, ㉡은 44보다 1 큰 수인 45입니다.

↓ 방향으로 7씩 커지므로 ★은 45보다 7 큰 수인 52입니다.

답 52

7-2

0	31	32	33	34	
		㉠		42	
		♥		50	
		㉡	▲		

↓ 방향으로 8씩 커지므로 ㉠은 32보다 8 큰 수인 40이고, ♥는 40보다 8 큰 수인 48입니다.

㉡은 48보다 8 큰 수인 56입니다.

→ 방향으로 1씩 커지므로 ▲는 56보다 1 큰 수인 57입니다.

답 ♥: 48, ▲: 57

8-1 ●●○○○이 반복되는 규칙이므로

●●○○○●●○○○●●○○○●●○○○●●○○○

입니다. 검은색 바둑돌은 10개, 흰색 바둑돌은 15개이므로 검은색 바둑돌이 5개 더 적습니다.

답 검은색 바둑돌, 5개

8-2 바둑돌의 수를 세어 보면 1개, 3개, 6개, 10개⋯⋯로 늘어나는 수가 2, 3, 4⋯⋯로 커집니다.

1번째	2번째	3번째	4번째	5번째	6번째	7번째	8번째
1개	3개	6개	10개	15개	21개	28개	36개

+2 +3 +4 +5 +6 +7 +8

따라서 8번째에 놓일 바둑돌은 36개입니다.

답 36개

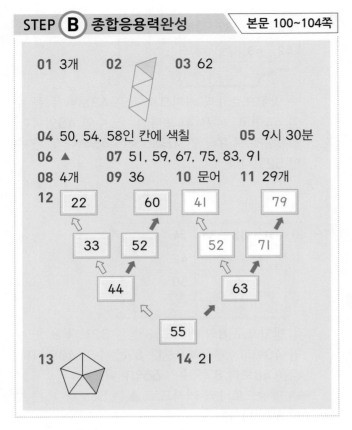

01 3개　　02 (도형)　　03 62

04 50, 54, 58인 칸에 색칠　　05 9시 30분
06 ▲　　07 51, 59, 67, 75, 83, 91
08 4개　　09 36　　10 문어　　11 29개
12

| 22 | | 60 | | 41 | | 79 |

| 33 | 52 | | 52 | 71 |

| 44 | | 63 |

| 55 |

13 (오각형)　　14 21

01 (정육면체)—(원기둥)—(구)—(구)가 반복되는 규칙이므로 □ 안에 들어갈 모양은 (원기둥) 모양입니다. (원기둥) 모양인 것은 참치캔, 감자칩 통, 케이크로 모두 3개입니다.

답 3개

02 (도형), (도형), (도형), (도형)가 반복되는 규칙입니다.

답 (도형)

03 43부터 시작하여 6씩 커지는 규칙입니다.
[43]—[49]—[55]—[61]—[67]—[73]이므로 잘못 놓은 수 카드에 적힌 수는 62입니다.

답 62

04 색칠한 부분의 수는 30부터 시작하여 4씩 커지는 규칙입니다. 따라서 50, 54, 58인 칸에 색칠해야 합니다.

답 50, 54, 58인 칸에 색칠

05 시각을 차례대로 나타내면 9시 30분, 12시 30분, 3시 30분, 6시 30분입니다. 긴바늘은 계속 6을 가리키고, 짧은바늘은 시계 방향으로 숫자 3칸만큼씩 움직이므로 5번째에 올 시각은 9시 30분입니다.

답 9시 30분

06 모양과 크기, 색깔이 바뀌는 규칙입니다. 모양은 ◇—○—△가 반복되고, 크기는 작은 것—큰 것이 반복됩니다. 색깔은 빨간색—주황색—파란색—초록색이 반복되므로 빈칸에는 작고 빨간색인 삼각형이 들어가야 합니다.

답 ▲

07 30—38—46—54—62이므로 8씩 커지는 규칙입니다. 따라서 43부터 시작하여 8씩 커지는 규칙으로 수를 쓰면 43—[51]—[59]—[67]—[75]—[83]—[91]입니다.

답 51, 59, 67, 75, 83, 91

08 예 ❶ 가위, 보, 가위가 반복되는 규칙입니다.
❷ 빈칸에는 모두 가위가 들어갑니다.
❸ 가위는 손가락이 2개 펼쳐지므로 펼친 손가락 수는 모두 4개입니다.

답 4개

채점기준	배점	
❶ 반복되는 규칙 찾기	1점	
❷ 빈칸에 들어갈 그림 구하기	2점	5점
❸ 펼친 손가락 수 구하기	2점	

09 수가 번갈아가며 2씩, 6씩 작아지는 규칙입니다.

1번째	2번째	3번째	4번째	5번째	6번째	7번째	8번째
78	76	70	68	62	60	54	52

−2　−6　−2　−6　−2　−6　−2　−6

9번째	10번째	11번째	12번째
46	44	38	36

−2　−6　−2

따라서 12번째에 놓이는 수는 36입니다.

답 36

10 벽지의 일부분을 보고 규칙을 찾아 보면
(고래)—(해파리)—(문어)—(게)가 반복되는 규칙입니다. 찢어진 부분을 그려 보면 다음과 같습니다.

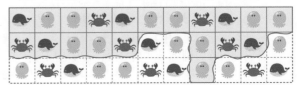

찢어진 부분에 고래는 4개, 문어는 6개, 게는 3개
이므로 가장 많은 것은 문어입니다.

답 문어

11 바둑돌의 수를 세어 보면 1개, 5개, 9개, 13개
······로 4개씩 늘어납니다.

1번째	2번째	3번째	4번째	5번째	6번째	7번째	8번째
1개	5개	9개	13개	17개	21개	25개	29개

+4 +4 +4 +4 +4 +4 +4

따라서 8번째에 놓일 바둑돌은 29개입니다.

답 29개

12 ⬉는 11씩 작아지는 규칙이고 ⬈는 8씩 커지는 규
칙입니다.

답
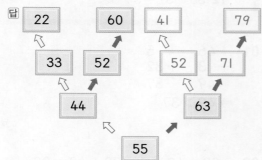

13 색칠된 칸과 색깔이 바뀌는 규칙입니다.
시계 방향 ㉠ → ㉣ → ㉡ → ㉤ → ㉢으
로 두 칸씩 돌아가며 색칠되는 규칙이므
로 색칠해야 하는 칸은 ㉣입니다.
주황색, 분홍색, 초록색이 반복되는 규칙이므로 색
칠되는 색깔은 주황색입니다.

답

14 홀수 번째와 짝수 번째의 규칙이 다릅니다. 홀수
번째는 5부터 시작하여 2씩 커지는 규칙이고, 짝
수 번째는 6부터 시작하여 3씩 커지는 규칙입니다.

+2 +2 +2 +2 +2 12번째
⑤ ⑥ ⑦ ⑨ ⑨ 12 ⑪ 15 ⑬ 18 ⑮ 21
+3 +3 +3 +3 +3

따라서 12번째에 놓이는 수는 21입니다.

답 21

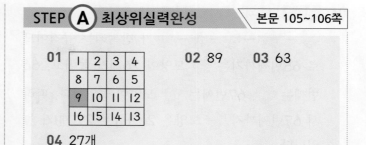

01 | 1 | 2 | 3 | 4 |
02 89   **03** 63

04 27개

01 [A급비법] 색깔과 수의 규칙을 각각 구해 봅니다.
색칠된 칸의 수를 살펴 보면

1 1 3 3 5 5 7이므로
+0 +2 +0 +2 +0 +2

8번째에는 7, 9번째에는 7+2=9,
10번째에는 9가 색칠됩니다.
색깔은 빨간색, 빨간색, 초록색이 반복되므로 10
번째에는 빨간색으로 색칠됩니다.

답

1	2	3	4
8	7	6	5
9	10	11	12
16	15	14	13

02 [A급비법] 어떤 수끼리 더해지는지 구해 봅니다.
앞의 두 수를 더하는 규칙입니다.
1번째: 3
2번째: 5
3번째: 3+5=8
4번째: 5+8=13
5번째: 8+13=21
6번째: 13+21=34
7번째: 21+34=55
8번째: 34+55=89
따라서 8번째에 놓이는 수는 89입니다.

답 89

03 [A급비법] → 방향과 ↓ 방향의 규칙을 각각 찾아봅니다.
→ 방향으로 1, 2, 3······으로 커지는 규칙이고,
↓ 방향으로 2, 4, 6······으로 커지는 규칙입니다.

23 24 26 29 33
+1 +2 +3 +4

33 35 39 45 53
+2 +4 +6 +8

53 54 56 59 63
+1 +2 +3 +4

따라서 ☺에 알맞은 수는 63입니다.

답 63

04 <kbd>A급비법</kbd> 반복되는 모양의 규칙을 찾아 봅니다.

♡－☆－☾－☽－♡가 반복되는 규칙이므로 65번째까지는 ♡ 모양이 26개가 놓이고, 66번째는 ♡, 67번째는 ☆ 모양이 놓입니다. 따라서 67번째까지 ♡ 모양은 26＋1＝27(개)가 놓입니다.

답 27개

6. 덧셈과 뺄셈(3)

개념 더블체크

본문 109~111쪽

01 (○) ( ) **02** ⤬

03 (1) 67 (2) 79 **04** (1) 52 (2) 73

05 ( ) (○) **06** 25마리

07 16＋21＝37 (또는 21＋16＝37) / 37송이

08 13－10＝3 / 3송이

09 (1) 38, 48, 58 (2) 34, 33, 32

10 <kbd>덧셈식</kbd> 26＋42＝68 (또는 42＋26＝68)

　　<kbd>뺄셈식</kbd> 68－26＝42 (또는 68－42＝26)

11 36＋31＝67 (또는 31＋36＝67) / 67명

12 36－31＝5 / 5명

01
$$\begin{array}{r} 46 \\ +\ \ 3 \\ \hline 49 \end{array} \qquad \begin{array}{r} 5 \\ +32 \\ \hline 37 \end{array}$$

➡ 49＞37

답 (○) ( )

02
- 30＋40＝70, 20＋60＝80
- 40＋40＝80, 10＋60＝70

답 ⤬

03 (1)
$$\begin{array}{r} 25 \\ +42 \\ \hline 67 \end{array}$$
(2) 53＋26＝79

답 (1) 67 (2) 79

04 (1)
$$\begin{array}{r} 56 \\ -\ \ 4 \\ \hline 52 \end{array}$$
(2)
$$\begin{array}{r} 79 \\ -\ \ 6 \\ \hline 73 \end{array}$$

답 (1) 52 (2) 73

05 낱개는 낱개끼리 빼야 하므로 낱개 3은 5와 줄을 맞추어 계산해야 합니다.
$$\begin{array}{r} 45 \\ -\ \ 3 \\ \hline 42 \end{array}$$

답 ( ) (○)

06 (거피의 수)－(체리새우의 수)＝36－11
　　　　　　　　　　　　　　　　＝25(마리)

조금씩 조금씩 하지만 꾸준히~
조금씩이 쌓여서 큰 실력이 됩니다.
아무리 환경이 좋지 않아도 재주가 뛰어나지 못하더라도
꾸준히 노력하는 사람은 반드시 성공을 거두게 됩니다.
"꾸준함이 정답이다."

따라서 거피가 체리새우보다 25마리 더 있습니다.

답 25마리

07 (빨간색 꽃)＋(보라색 꽃)＝16＋21＝37

답 16＋21＝37 (또는 21＋16＝37) / 37송이

08 (노란색 꽃)－(주황색 꽃)＝13－10＝3

답 13－10＝3 / 3송이

09 (1) 더해지는 수가 그대로이고 더하는 수가 10씩 커지면 합도 10씩 커집니다.
(2) 빼지는 수는 그대로이고 빼는 수가 1씩 커지면 차는 1씩 작아집니다.

답 (1) 38, 48, 58 (2) 34, 33, 32

10 덧셈식은 26＋42＝68, 42＋26＝68을 만들 수 있고, 뺄셈식은 68－26＝42, 68－42＝26 을 만들 수 있습니다.

답 덧셈식 26＋42＝68 (또는 42＋26＝68)
뺄셈식 68－26＝42 (또는 68－42＝26)

11 답 36＋31＝67 (또는 31＋36＝67) / 67명

12 답 36－31＝5 / 5명

STEP C 교과서유형완성   본문 112~118쪽

유형1 8, 4, 4 / ㉠: 4, ㉡: 8
1-1 ㉠: 3, ㉡: 3   **1-2** ㉠: 6, ㉡: 3
유형2 74, 74, 0, 1, 2, 3 / 0, 1, 2, 3
2-1 8, 9   **2-2** 3개   **2-3** 43
유형3 32, 2, 6, 3, 4, 46 / 46개
3-1 51개   **3-2** 32장
유형4 45, 45, 45, 78 / 78
4-1 20   **4-2** 79   **4-3** 7
유형5 5, 2, 75, 23, 75, 23, 98 (또는 5, 2, 75, 23, 23, 75, 98) / 98
5-1 54   **5-2** 68
유형6 50, 50, 50, 17 / 17
6-1 13   **6-2** 69   **6-3** 75
유형7 32, 39, 39, 32, 하윤 / 하윤
7-1 2호, 4명

1-1 낱개끼리 계산: 2＋1＝㉡ ➡ ㉡＝3
10개씩 묶음끼리 계산: ㉠＋5＝8 ➡ 5와 더해서 8이 되는 수는 3이므로 ㉠＝3

답 ㉠: 3, ㉡: 3

1-2 낱개끼리 계산: 7－4＝㉡ ➡ ㉡＝3
10개씩 묶음끼리 계산: 몇에서 3을 빼서 3이 되는 수는 6이므로 ㉠＝6

답 ㉠: 6, ㉡: 3

2-1 42＋5＝47이므로 47＜4□에서 □ 안에 들어갈 수 있는 수는 8, 9입니다.

답 8, 9

2-2 76－2＝74이므로 □5＞74에서 □ 안에 들어갈 수 있는 수는 7, 8, 9로 3개입니다.

답 3개

2-3 33＋11＝44이므로 □＜44에서 □ 안에는 44보다 작은 수가 들어갈 수 있습니다.
따라서 44보다 작은 수 중에서 가장 큰 수는 43 입니다.

답 43

3-1 주영이가 캔 고구마의 수를 ■●개라고 하면
■●＋34＝85입니다. ●＋4＝5이므로
●＝1이고, ■＋3＝8이므로 ■＝5입니다.
따라서 주영이가 캔 고구마는 51개입니다.

답 51개

3-2 이슬이가 가지고 있던 색종이를 ■●장이라고 하면 ■●－23＝45입니다. ●－3＝5이므로
●＝8이고, ■－2＝4이므로 ■＝6입니다.
이슬이와 보미가 나누어 가진 색종이는 각각 68 장이므로 보미에게 남은 색종이는
68－36＝32(장)입니다.

답 32장

4-1 어떤 수를 □라 하여 잘못 계산한 식을 만들면
□＋23＝66입니다.
66－23＝□, □＝43
따라서 어떤 수가 43이므로 바르게 계산하면
43－23＝20입니다.

답 20

4-2 어떤 수를 □라 하여 잘못 계산한 식을 만들면
□−34=11입니다.
11+34=□, □=45
따라서 어떤 수가 45이므로 바르게 계산하면
45+34=79입니다.

답 79

4-3 어떤 수를 □라 하여 잘못 계산한 식을 만들면
□+41=89입니다.
89−41=□, □=48
따라서 어떤 수가 48이므로 바르게 계산하면
48−41=7입니다.

답 7

5-1 수 카드의 수의 크기를 비교하면 7>4>2>0
입니다.
➡ 만들 수 있는 가장 큰 몇십몇: 74
만들 수 있는 가장 작은 몇십몇: 20
따라서 두 수의 차는 74−20=54입니다.

답 54

원리쌤 특강

가장 작은 몇십몇을 만들 때 0은 맨 앞에 올 수 없습니다.

5-2 10개씩 묶음의 수가 3인 몇십몇을 3■라고 하면
만들 수 있는 가장 큰 수는 37, 가장 작은 수는
31입니다.
따라서 두 수의 합은 37+31=68입니다.

답 68

6-1 75−42=● ➡ ●=33
●−■=20이므로 33−■=20
➡ 33−20=■, ■=13

답 13

6-2 42+15=◆ ➡ ◆=57
♥−◆=12이므로 ♥−57=12
➡ 12+57=♥, ♥=69

답 69

6-3 38−■=26 ➡ ■=38−26, ■=12
▲−■=51이므로 ▲−12=51
➡ 51+12=▲, ▲=63
따라서 ▲+■=63+12=75입니다.

답 75

7-1 1호: 42−11=31이므로 31명의 사람이 타고
있습니다.
2호: 14+21=35이므로 35명의 사람이 타고
있습니다.
35>31이고 35−31=4이므로 2호에 4명이
더 많이 타고 있습니다.

답 2호, 4명

STEP Ⓑ 종합응용력완성　　　본문 119~123쪽

01 54	**02** ㉠	**03** 53원	**04** 3개
05 11개			
06 79−43=15+21 (또는 79−43=21+15)			
79−21=15+43 (또는 79−21=43+15)			
79−15=21+43 (또는 79−15=43+21)			
07 36	**08** 24대	**09** 41	**10** 3개
11 시연: 38개, 유주:31개		**12** 13	
13 86쪽	**14** 7, 8, 9	**15** 22, 23, 24	

01 41+15=◆ ➡ ◆=56
◆−33=▲이므로 56−33=▲ ➡ ▲=23
●+▲=77이므로 ●+23=77
➡ 77−23=●, ●=54

답 54

02 ㉠ 67−36=31　㉡ 32+15=47
㉢ 58−16=42　㉣ 18+21=39
따라서 31<39<42<47이므로 ㉠이 가장 작
습니다.

답 ㉠

03 (공책과 색연필을 더한 값)=14+30=44(원)
(농구공과 인형을 더한 값)=54+43=97(원)
97−44=53(원)이므로 공책과 색연필을 더한
값이 농구공과 인형을 더한 값보다 53원 더 적습
니다.

답 53원

04 50+20=70, □<70에서 □ 안에 들어갈 수
있는 수는 70보다 작은 수입니다.
68−2=66, □>66에서 □ 안에 들어갈 수 있
는 수는 66보다 큰 수입니다.
따라서 66보다 크고 70보다 작은 수는 67, 68,
69로 3개입니다.

답 3개

05 (전체 나무토막의 수)$=31+53=84$(개)
$42+42=84$이므로 주아와 태호는 각각 42개씩 쌓으면 됩니다.
따라서 태호는 주아에게 $53-42=11$(개)의 나무토막을 주어야 합니다.

답 11개

06 10개씩 묶음의 수 중 두 수의 합과 두 수의 차가 같은 경우는 계산 결과가 3일 때인 $7-4=1+2$, 계산 결과가 5일 때인 $7-2=1+4$, 계산 결과가 6일 때인 $7-1=2+4$입니다.
$79-43=36$이고 $15+21=36$(또는 $21+15=36$)이므로 $79-43=15+21$(또는 $79-43=21+15$)입니다.
또 $79-21=58$이고 $15+43=58$(또는 $43+15=58$)이므로 $79-21=15+43$(또는 $79-21=43+15$)입니다.
또 $79-15=64$이고 $21+43=64$(또는 $43+21=64$)이므로 $79-15=21+43$(또는 $79-15=43+21$)입니다.

답 $79-43=15+21$ (또는 $79-43=21+15$)
/ $79-21=15+43$ (또는 $79-21=43+15$)
/ $79-15=21+43$ (또는 $79-15=43+21$)

07 〈 〉 안에 적힌 두 수의 합이 같으므로
$43+55=98$에서 $㉠+62=98$입니다.
➡ $98-62=㉠$, $㉠=36$

답 36

08 (처음 있던 자동차의 수)$+$(새로 들어온 자동차의 수)
$=15+23=38$(대)이므로
(남은 자동차의 수)$=$(주차장에 있던 자동차의 수)
$-$(나간 자동차의 수)
$=38-14=24$(대)

답 24대

09 큰 수를 $㉠5$, 작은 수를 $2㉡$이라 하면
$㉠5+2㉡=89$에서 $㉠=6$, $㉡=4$입니다.
두 수는 65와 24이므로 그 차는 $65-24=41$입니다.

답 41

10 10개씩 묶음의 수를 비교해 보면 ▲$+2$는 6이거나 6보다 작은 수입니다.
▲$=4$이면 $44+24=68$, $68>63$이므로 조건에 맞지 않습니다.
▲$=3$이면 $33+23=56<63$,
▲$=2$이면 $22+22=44<63$,

▲$=1$이면 $11+21=32<63$이므로 ▲가 될 수 있는 수는 1, 2, 3의 3개입니다.

답 3개

11 예 ❶ (시연이가 유주에게 주기 전 갖고 있던 별사탕 수)
$=25+5=30$(개)
(처음 시연이가 갖고 있던 별사탕 수)
$=30+8=38$(개)
❷ (유주가 별사탕을 먹기 전 갖고 있던 별사탕 수)
$=25+11=36$(개)
(처음 유주가 갖고 있던 별사탕 수)
$=36-5=31$(개)

답 시연: 38개, 유주: 31개

채점기준		배점
❶ 처음 시연이가 갖고 있던 별사탕 수 구하기	2점	5점
❷ 처음 유주가 갖고 있던 별사탕 수 구하기	3점	

12 낱개의 수의 합이 9인 두 수를 찾으면 35와 14, 26과 13입니다.
$35+14=49$, $26+13=39$이므로 합이 39인 두 수는 26과 13입니다.
따라서 두 수의 차는 $26-13=13$입니다.

답 13

13 수호는 76쪽을 읽었고, 정민이는 수호보다 32쪽 더 적게 읽었으므로 $76-32=44$(쪽)을 읽었습니다.
정민이가 앞으로 42쪽을 더 읽어야 하므로 정민이가 읽고 있는 위인전의 전체 쪽수는
$44+42=86$(쪽)입니다.

답 86쪽

14 $21+53=74$이고 $□9-2$를 간단히 하면 $□7$이므로 $74<□7$에서 □ 안에 들어갈 수 있는 수를 구합니다.
10개씩 묶음의 수를 비교하면 $7<□$에서 □ 안에 들어갈 수 있는 수는 8, 9입니다.
낱개끼리 비교하면 $4<7$이므로 □ 안에 7도 들어갈 수 있습니다.
따라서 □ 안에 들어갈 수 있는 수는 7, 8, 9입니다.

답 7, 8, 9

15 연속하는 수를 $□-1$, $□$, $□+1$이라 하면
$(□-1)+□+(□+1)=□+□+□$이므로 연속하는 수 3개의 합은 같은 수 3개의 합으로 나타낼 수 있습니다.

$$69 = 60 + 9 = 20 + 20 + 20 + 3 + 3 + 3$$

$$
\begin{array}{rl}
69 = & 20 + 20 + 20 \\
 & + \ 3 + \ 3 + \ 3 \\
\hline
69 = & 23 + 23 + 23 \\
 & \quad - 1 \qquad + 1 \\
\hline
69 = & 22 + 23 + 24
\end{array}
$$

답 22, 23, 24

STEP Ⓐ 최상위실력완성　　　**본문 124~125쪽**

01 12	02 55	03 6개	04 57
05 ㉡			

01 〔A급비법〕 합이 85이고 차가 33인 두 수를 찾아 공통된 수를 찾습니다.

낱개의 수의 합이 5인 두 수를 찾으면 10과 45, 12와 73입니다.

10+45=55, 12+73=85이므로 합이 85인 두 수는 12와 73입니다.

낱개의 수의 차가 3인 두 수를 찾으면 45와 12, 10과 73입니다.

45−12=33, 73−10=63이므로 차가 33인 두 수는 45와 12입니다.

따라서 (12, 73)과 (45, 12)에서 공통된 수는 12입니다.

답 12

02 〔A급비법〕 같은 모양에 1부터 수를 넣어 조건을 만족하는지 확인합니다.

• ■에 1부터 수를 넣어 봅니다.

■=1일 때, 47−1=46이고 43+1=44입니다.

■=2일 때, 47−2=45이고 43+2=45입니다. ➡ ■=2

• ▲에 1부터 수를 넣어 봅니다.

▲=1일 때, 50+1=51이고 56−1=55입니다.

▲=2일 때, 50+2=52이고 56−2=54입니다.

▲=3일 때, 50+3=53이고 56−3=53입니다. ➡ ▲=3

따라서 ■▲+▲■=23+32=55입니다.

답 55

03 〔A급비법〕 ㉠, ㉡, ㉢, ㉣에는 서로 다른 숫자가 들어간다는 것에 주의하여 10개씩 묶음끼리의 차가 7인 경우를 생각해봅니다.

10개씩 묶음끼리의 차가 7이므로 다음의 두 가지 경우로 나누어 생각해 봅니다.

• 9㉡−2㉣인 경우: 98−23, 96−21, 95−20

• 8㉡−1㉣인 경우: 89−14, 87−12, 85−10

따라서 만들 수 있는 식은 모두 6개입니다.

답 6개

04 〔A급비법〕 주어진 수끼리 더하거나 빼면서 규칙을 찾아봅니다.

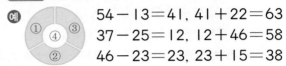

예

54−13=41, 41+22=63

37−25=12, 12+46=58

46−23=23, 23+15=38

①−②+③=④인 규칙입니다.

65−41=24, 24+33=57

답 57

05 〔A급비법〕 연속하는 수 3개의 합은 같은 수 3개의 합으로 나타낼 수 있습니다.

㉠
$$
\begin{array}{rl}
39 = & 10 + 10 + 10 \\
 & + \ 3 + \ 3 + \ 3 \\
\hline
39 = & 13 + 13 + 13 \\
 & \quad - 1 \qquad + 1 \\
\hline
39 = & 12 + 13 + 14
\end{array}
$$

㉡ 62=60+2이므로 60을 같은 수 3개의 합으로 나타내면 20+20+20이지만 2는 같은 수 3개의 합으로 나타낼 수 없습니다.

따라서 연속하는 자연수 3개의 합으로 나타낼 수 없습니다.

㉢
$$
\begin{array}{rl}
66 = & 20 + 20 + 20 \\
 & + \ 2 + \ 2 + \ 2 \\
\hline
66 = & 22 + 22 + 22 \\
 & \quad - 1 \qquad + 1 \\
\hline
66 = & 21 + 22 + 23
\end{array}
$$

㉣
$$
\begin{array}{rl}
93 = & 30 + 30 + 30 \\
 & + \ 1 + \ 1 + \ 1 \\
\hline
93 = & 31 + 31 + 31 \\
 & \quad - 1 \qquad + 1 \\
\hline
93 = & 30 + 31 + 32
\end{array}
$$

따라서 연속하는 수 3개의 합으로 나타낼 수 없는 수는 ㉡입니다.

답 ㉡